HONDA ADV150
CUSTOM & MAINTENANCE

ホンダ **ADV150** カスタム＆メンテナンス

STUDIO TAC CREATIVE

CONTENTS
目次

表紙撮影＝佐久間則夫

HONDA
ADV150
CUSTOM & MAINTENANCE

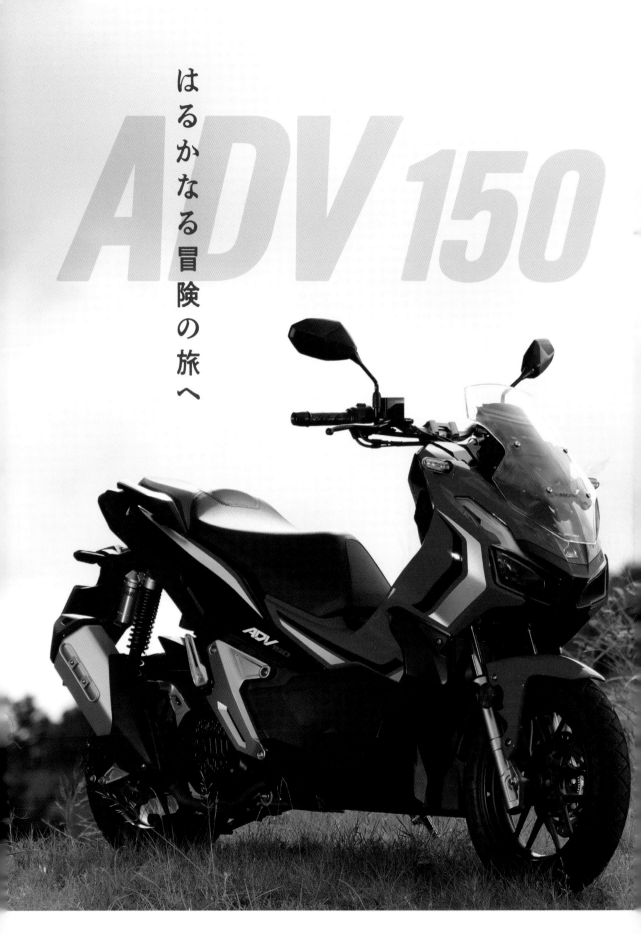

はるかなる冒険の旅へ

ADV150

冒険に行きたい。子供らしい発想に思えて、実は大人になっても
心の奥底に燃え続けているもの。冒険は意外と身近なところにある、
ADV150に乗っているとそんな事実に気付かされる。

写真＝柴田雅人　Photographed by Masato Shibata

ADV 150

はるかなる冒険の旅へ

日常世界の延長線上に冒険の世界は広がっている

　コンパクトな125ccスクーター。その存在は日常を便利にしてくれる。軽い取り回しは心のハードルを下げ、ちょっとしたことにも使いたい気持ちにさせ、アクセル一つで思いのままに走らせることができる。

　それに25cc、ほんの小さな数字だが、これが加わるだけで、世界は大きく広がる。力強さは増し、街中での余裕は一層大きくなり、そして走れる道の制約が無くなる。

　なんとなく走らせている時、高速道路の看板を見かけて思いついたままに遠出する。この選択肢が追加されるだけで、バイクライフの可能性は無限大に広がっていく。

　淡々とした、でも一定のペースで走り続けると、日常生活では出会えない場所にたどり着く。普段自分を助けてくれるADVの扱いやすさは見知らぬ道でも力強い味方。非日常、冒険の世界に没頭させてくれるのだ。

どんなシーンであっても気負わず走っていける

体に馴染むポジションと高い視点は、馴染みのない場所でもストレスを感じることなく冒険を楽しむことができる。ジャングルや砂漠、高い山を巡ることに比べれば身近な"冒険"かもしれない。でも、そんな大きな飛躍をするためには、小さなジャンプを繰り返しすることが大切。なにより大きく飛べないなら何もしないに比べたらずっと良い。

普段しないこと、できないこと。それは立派な冒険で、相棒の存在はそんな冒険へ踏み出すきっかけを与えてくれる。

海、山、見知らぬ街。どこにでも行けて、どこででも馴染んでくれる。走り回るほどADV150はその魅力を訴えかけ、冒険へ行こうと誘う。それに抗うのは無理なことだ。

はるかなる冒険の旅へ

ADV150

ADV150

モデル紹介

ミドルクラススクーター初のアドベンチャーモデルとして登場し、人気を獲得しているADV150。ここでは車体や構造を豊富な写真を使い細かく検証し、その実力と魅力の源泉を検証していくことにしたい。購入予定者はもちろん、オーナーであっても新たな発見があるはずだ。

写真＝佐久間則夫／ホンダ　*Photographed by Norio Sakuma ／ Honda*

ADV150
近未来を具現化したスタイル

ADV150

金色のショックがスタイルを引き締める

ADV150

独特なマフラーが力強さを象徴する

RIGHT-SIDE

ADV150

加速感を想起する前下がりなフォルム

LEFT-SIDE

視認性満点の個性的なフロントフェイス

ADV150

FRONT

絞り込まれたテールが軽快感を生む

REAR

ADV150

市街地から郊外まで走破するシティアドベンチャー

ADV150が発表された2020年からさかのぼること3年。ホンダは市街地走行時の便利な使い勝手と郊外の不整地などでの高い走破性をクロスオーバーさせ、シチュエーションを選ばない快適性を提供しつつ、スタイリッシュさと力強さを併せ持つデザインを具現化した新カテゴリー、シティアドベンチャーとしてX-ADVを生み出した。

X-ADVは6速自動変速750ccエンジン搭載の大型モデルだが、その価値観を150ccスクーターをベースに具現化したのがADV150だ。軽量、コンパクトなスクーターの利便性はそのままに、アドベンチャー装備による強い個性を持った外観を備え、通勤をはじめとしたONにおける移動の利便性と、OFFの時間の個性的な過ごし方とのクロスオーバーを開発の狙いとしている。

フレーム、エンジンといった主要要素はPCX150をベースとしているが、上記コンセプトを実現するため専用セッティングされている。まずフレームは、様々な場面での高い走破性を目指し長いストローク量を確保したサスペンションに合わせ剛性を最適化。エンジンは低速走行時の力強さや荒れた路面での扱いやすさを向上するため、吸排気系に手を加え、低中回転域でのトルクを向上させている。

そんな基本骨格に組み合わされる外装は、X-ADVとのつながりを感じさせつつも、細部を見れば独自性にあふれている。機能部品を中心に寄せ配置することで、凝縮感を感じさせ、またどこにでも行けそうなアドベンチャーモデルらしさを生み出す。各機能部品もタフコンセプトに基づき、機能性と力強さを両立させる形状とされている。

可動式のスクリーンやフルLED採用の灯火類、アイドリングストップ機能といった高い実用性を生む機構もまた、ADV150らしさを作り出す。他にないコンセプトと実用性、その高度な融合がユーザーから高い支持を得ている。

SPECIFICATION

車名・型式		ホンダ・2BK-KF38
全長(mm)		1,960
全幅(mm)		760
全高(mm)		1,150
軸距(mm)		1,325
最低地上高(mm)		165
シート高(mm)		795
車両重量(kg)		134
乗車定員(人)		2
燃料消費率(km/L)	国土交通省届出値:定地燃費値(km/h)	
		54.5 (60)〈2名乗車時〉
	WMTCモード値(クラス)	
		44.1 (クラス 2-1)〈1名乗車時〉
最小回転半径(m)		1.9
エンジン型式		KF38E
エンジン種類		水冷4ストロークOHC単気筒
総排気量(cm³)		149

内径×行程(mm)		57.3×57.9
圧縮比		10.6
最高出力(kW [PS] /rpm)		11 [15] /8,500
最大トルク(N·m [kgf·m] /rpm)		14 [1.4] /6,500
始動方式		セルフ式
燃料供給装置形式		電子式〈電子制御燃料噴射装置(PGM-FI)〉
点火装置形式		フルトランジスタ式バッテリー点火
燃料タンク容量(L)		8
変速機形式		無段変速式(Vマチック)
タイヤ	前	110/80-14M/C 53P
	後	130/70-13M/C 57P
ブレーキ形式	前	油圧式ディスク
	後	油圧式ディスク
懸架方式	前	テレスコピック式
	後	ユニットスイング式
フレーム形式		ダブルクレードル

メーカー希望小売価格(税込) 451,000円

1. ブラックアウト処理したヘッドライトガードを持つ二眼タイプのヘッドライトと透明なウインドスクリーンが独特なスタイルを生むフロントフェイス　2.4. スクリーンはベース側面にあるノブを操作することで高さを2段階に調整できる　3. ウインカーは小型のLEDタイプ。ABSシステムが作動する急制動時、自動でハザードランプを高速点滅させるエマージェンシーストップシグナルを採用する　5.6.7. アドベンチャーモデルらしさを感じるスクエアデザインのメーター。速度計、燃料計、距離計、トリップメーターの他、日付、時間、瞬間燃費、平均燃費、外気温、バッテリー電圧と豊富な情報が表示できる。表示の切り替えと設定は、メーターの下側両角にあるボタンで行う　8. 2019年12月時点でクラス最長となる130mmのストロークを確保した正立フロントフォークを搭載。凹凸のある路面でもワンランク上の乗り心地を提供。そこに12本スポークの14インチホイールを組合わせる　9. φ240mmウェーブディスクと2ポットキャリパーを使用したディスクブレーキ。1チャンネルABSが装着され、様々な路面でも安心してブレーキが掛けられる

1. ハンドルはリジッドマウント式のバーハンドルを採用。ハンドルバーはクランプ部がφ28.6mm、グリップ部はφ22.2mmとなるテーパーバーで、タフなデザインと高い剛性を実現している　2.3. ハンドルスイッチは近年のホンダ車に共通のデザイン。左にヘッドライト上下切り換え、ホーン、ウインカーを、右にアイドリングストップモード切り換え、ハザード、スターターの各スイッチを配置する　4. ハンドルマウント部の左下にはグローブボックスが設置されており、上端部分を押すと蓋を開くことができる。容量は2Lが確保され、小物の収納に便利　5. グローブボックス内部にはアクセサリー用に12V電源が得られるACCソケットが装備される

6. グローブボックスの逆側にはメインスイッチと燃料タンクリッド / シートオープナースイッチを配する。スマートキーを採用するので鍵穴は無いが、右側面に緊急時にシートロックを解除するためのメンテナンスリッドを備える　7.8. メインスイッチをSEAT/FUELの位置にし、燃料タンクリッド / シートオープナースイッチのFUEL側を押すと、シートとハンドル間にある燃料タンクリッドが開く。給油はその奥、銀色のキャップを開いて行う。燃料タンク容量は8Lだ　9. 段付きスタイルのシートは見通しが良く高いアイポイントとするため、高さを795mmに設定。タンデム部はコンパクトだが、リアグリップを装備することでタンデムライダーの安定性・快適性を確保している

10. オープナーを操作しシートを開けた状態。シートベースの前方には携帯工具、後部には書類を収める構造になっている　11. トランクは容量27Lを確保し、サイズによるが前方の深い部分にはヘルメットを収納することができる　12. シートヒンジ部にはフック状のヘルメットホルダーがあり、携帯工具入れの中にあるヘルメットホルダーワイヤーを併用することで、ヘルメットを固定できる　13. 携帯工具入れの中にはプラグレンチ、10/14mmレンチ、プラス/マイナスドライバー、ヘルメットホルダーワイヤー、緊急時にメインスイッチを解錠する際に使うEMモードカプラーが収められている　14. タンデムステップはアルミ製を使った折りたたみ式　15.16. エンジンはPCX150にも採用され、高い環境性能と動力性能を持つeSPエンジンがベース。ただエアクリーナーボックス内部の配管を見直し、そのボックスとスロットルボディをつなぐコネクティングチューブの長さを伸ばすことで低～中回転域のトルクを向上させている　17. ハイアップ形状として様々なシチュエーションにおける走破性を高めたマフラー

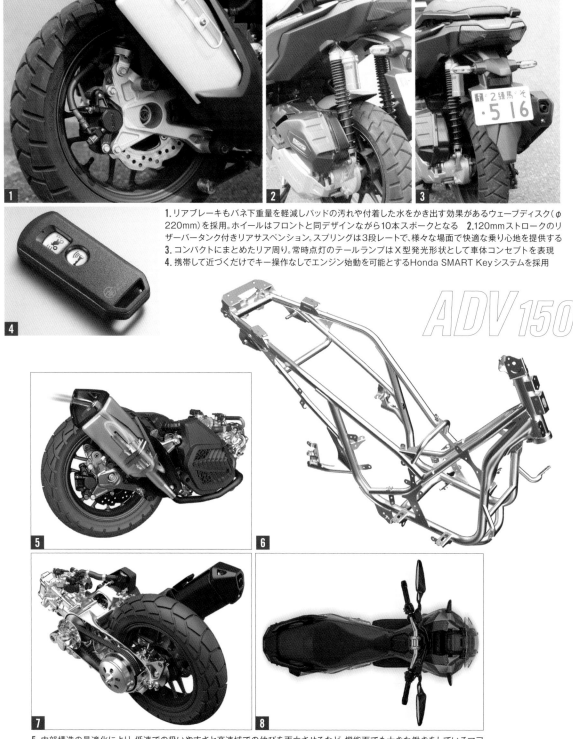

1. リアブレーキもバネ下重量を軽減しパッドの汚れや付着した水をかき出す効果があるウェーブディスク（φ220mm）を採用。ホイールはフロントと同デザインながら10本スポークとなる　2. 120mmストロークのリザーバータンク付きリアサスペンション。スプリングは3段レートで、様々な場面で快適な乗り心地を提供する　3. コンパクトにまとめたリア周り。常時点灯のテールランプはX型発光形状として車体コンセプトを表現　4. 携帯して近づくだけでキー操作なしでエンジン始動を可能とするHonda SMART Keyシステムを採用

ADV150

5. 内部構造の最適化により、低速での扱いやすさと高速域での伸びを両立させるなど、機能面でも大きな働きをしているマフラー　6. 軽量コンパクトで使い勝手の良いPCX150用をベースとしたフレーム。足周りに合わせて剛性バランスの最適化を図りつつシートレール後端のクロスメンバーは専用設計としている　7. 駆動系はウエイトローラーのセッティングとドリブンフェイススプリング（センタースプリング）のインストール荷重を変更することで、リニアなトルクの立ち上がり特性と力強い加速感を実現している　8. シート高が高いADV150だが、シートやフロアステップの脚の当たる部分を絞り込んだ形状とすることで既存スクーター同等レベルの足つき性を確保している

● ポジション

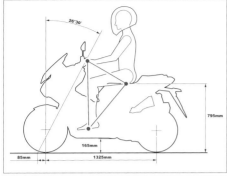

前後長を抑えた台形スタイリングによるマス集中と、アップライトなライディングポジションによる軽快な操縦性、そして高いアイポイントによる見通しの良さによって余裕のある走行を可能としている

● 出力特性

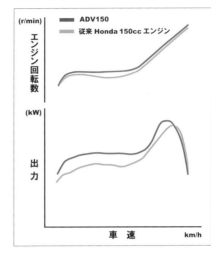

ベースとなった既存150ccモデルとADV150とのエンジン特性の比較図。スムーズな走りに寄与するきれいなパワーカーブを描きながら低～中回転域においてパワーが上乗せされているのが分かる

標準カラーとして3タイプを用意する

マットメテオライトブラウンメタリックの他、2つのカラーと1つの受注期間限定カラーが設定されている。

ゲイエティーレッド

マットガンパウダー
ブラックメタリック

ロスホワイト
（2021年8月31日までの受注期間限定）

カスタマイズパーツカタログ CUSTOMIZE PARTS CATALOG

ここではADV150用のカスタマイズパーツとしてホンダのカタログに掲載されているパーツ群を紹介する。問い合わせ先は商品ごとに異なるので、右の表を参照してほしい。

Honda純正	= Honda お客様相談センター Tel.0120-086819　URL https://www.honda.co.jp/bike-accessories/
社外品	= ホンダモーターサイクルジャパン Tel.03-5993-8667

Around Handle
ハンドル周り

ブレーキレバーやミラーなど、ハンドル周りに取り付ける、機能パーツやドレスアップパーツを紹介する。

グリップヒーター

Honda純正

ホンダ独自の半周タイプグリップヒーター。監視システム内蔵でバッテリー電圧低下時はグリップヒーターへの電源供給を自動的に停止する

¥18,150

SP武川 アルミビレットレバー R. レバー　**社外品**

6段階でレバーの距離調整が可能なアルミ削り出しの右ブレーキレバー。カラーアルマイト処理でドレスアップ効果も大

¥14,080

SP武川 アルミビレットレバー L. レバー　**社外品**

6段階の位置調整機能、転倒の際にレバーを折損しにくくする可倒式構造採用と、見た目と機能を併せ持つ左ブレーキレバー

¥14,080

プロト BIKERS アジャスタブルフロントブレーキレバー　**社外品**

存在感のあるデザインとしたアルミ製のブレーキレバー。色はブラック、ライトゴールド、レッド、シルバー、チタンを用意する

¥7,040

プロト BIKERS アジャスタブルリアブレーキレバー　**社外品**

6段階の位置調整が可能なショートタイプのレバー。アルミ製アルマイト処理仕上げで色はフロント用と同じく6種から選べる

¥7,040

プロト BIKERS プレミアムアジャスタブルフロントブレーキレバー 社外品
ロングタイプ・フラットサーフェイスタイプのフロント用ブレーキレバー。
6段階での位置調整ができる　　　　　　　　　　　　¥10,780

プロト BIKERS プレミアムアジャスタブルリアブレーキレバー 社外品
剛性感のあるアジャスター機構を持つアルミ製のブレーキレバー。ブ
ラック、ライトゴールド、レッド、シルバー、チタンの各色あり　¥10,780

**キタコ
マスターシリンダー
キャップタイプ5**

社外品

アルミ削り出しで作られた2
トーンカラーのアイテム。ブ
ラック / レッドとブラック / ガ
ンメタの色を用意する
　　　　　　　　¥4,400

**モリワキ
マスターシリンダー
キャップ**

社外品

MORIWAKIのロゴが刻ま
れたマスターシリンダー
キャップ。シルバー、ブラック、
チタンゴールドの3色ライ
ンナップ
　　　　　　　　¥3,850

**デイトナ
PREMIUM ZONE
角型マスター
シリンダーキャップ**

社外品

アルミ無垢材を繊細な加
工で削り出しデュアルアル
マイトで仕上げる。色は赤、
青、金、アッシュシルバー
　　　　　　　　¥5,390

**SP武川
マスターシリンダー
ガード**

社外品

マスターシリンダーのリ
ザーバータンクを保護しつ
つ彩りを加えてくれる。ア
ルミ削り出し製でカラーは
レッド、シルバー、ゴールド
　　　　　　　　¥3,080

**SP武川
カーボニッシュ
ポリゴンミラーセット**

社外品

カーボン繊維状の模様を
持ったエッジデザインのボ
ディが個性を発揮するミ
ラー。左右セット
　　　　　　　　¥2,750

**SP武川
Zミラーセット**

社外品

丸いミラーケースの中の鏡面は可動式で取り付け後の微調整も容易なミラー。ミドル（左）とショート（右）、2種のアームが付属する。左右セット

¥4,180

**キタコ
LANZAミラー**

社外品

未来的なデザインが魅力的なミラー。アクセントラインの色はレッドとホワイトがある。1本売り

¥4,180

SP武川　ヘルメットホルダーセット　社外品

右ブレーキマスターシリンダーに取り付けるヘルメットホルダー。取り付けボルトには盗難抑止対策のボルトを使用する　¥3,960

プロト BIKERSマスターシリンダークランプ　社外品

アルミ削り出しアルマイト仕上げのマスターシリンダー用クランプ。上質感あるデザインでハンドル周りを彩ってくれる。色はブラック、ライトゴールド、レッド、シルバー、チタンをラインナップする　¥1,430

SP武川　アクセサリーバーエンド　社外品

削り出しならではの質感が楽しめるバーエンドでTAKEGAWAのロゴ入り。アルミ製（銀、黒、赤の3色）とステンレス製がある　¥6,380

キタコ　バーエンドキャップ　社外品

遊び心を感じるデザインのバーエンド。ステンレス製で素地仕上げ、ポリッシュ仕上げ、DLCコーティングの3タイプ　¥3,960～6,160

プロト BIKERS ハンドルバーウエイト 社外品

ノーマル同等の重量としながらドレスアップを可能としたバーウエイト。アルミ製で色は黒、ライトゴールド、赤、銀、チタンの5種　　¥9,240

旭精器 ナックルバイザー 社外品

耐衝撃アクリル樹脂を使ったスタイリッシュなナックルバイザー。サイズは縦約140mm、横約230mm　　¥12,650

キタコ マルチパーパスバー 社外品

ハンドルホルダー部に取り付ける、ハンドルクランプ式アクセサリー取り付けに使えるアイテム。スチール製ブラック塗装仕上げ　　¥4,400

SP武川 ハンドルガード 社外品

ハンドルクランプ式アクセサリー装着に便利な直径22.2mmパイプを使ったハンドルガード。ブラックの他、シルバーも選べる　　¥8,250

キタコ ハンドルアッパーホルダー 社外品

運転中目に入りやすいハンドルアッパーホルダーを一変させる、アルミ製のアイテム。色は赤、黒、銀、金の4タイプから選ぼう　　¥6,380

デイトナ PREMIUM ZONEドレスアップボルトキャップ 社外品

純正ハンドルアッパーホルダーの固定ボルトにあるキャップを交換しドレスアップするアイテム。色は赤、青、金、銀、ブロンズ　　¥1,650

Exhaust System
マフラー

カスタムパーツの代名詞といえばマフラーだ。ここで紹介するのは法令適合品で安心して使える。

**モリワキ
ZERO フルエキゾースト**

社外品

ステンレス製エキゾーストパイプを使ったマフラーで、チタンサイレンサーのANO（写真）とステンレスサイレンサーのSUSの2タイプがある
¥42,900/48,400

31

SP武川 スクランブラーマフラー 社外品

クラシックスタイルのヒートプロテクターを持つ、デュアルパイプサイレンサーのマフラー。アドベンチャースタイルの演出に　　　¥54,780

SP武川 テーパーコーンマフラー 社外品

円形からオーバル形状に変化するテーパー型サイレンサーが目につくマフラー。ステンレス製ポリッシュ仕上げ　　　¥54,780

SP武川 パワーサイレントオーバルマフラー 社外品

高い排気効率と静粛性を兼ね備えたオーバルサイレンサーを使うマフラー。エキパイ、サイレンサーともステンレス製　　　¥40,700

SP武川 コーンオーバルマフラー 社外品

オーバルサイレンサーにコーンマフラーエンドを組み合わせる。ステンレス製ポリッシュ仕上げでエキゾーストガスケット付属　　　¥41,800

**キタコ
サイレンサー
ヒートガード**

社外品

ノーマルのパイプ状ガードから付け替えることでノーマルマフラーのイメージを一新できるアイテム。ブラックとシルバーがあるアルミ製

¥3,080

Exterior
外装パーツ

愛車に自分ならではの個性を加えたりイメージチェンジができる、各種外装用パーツを紹介していく。

**キタコ
ラジエタースクリーン**

社外品

美しく磨き上げられたステンレス製のラジエタースクリーン。エンジン周りに上質さを加えてくれる

¥16,500

SP武川
ラジエターコアガード

社外品

地味とも言えるエンジン右サイドにアイポイントを生み出せるアルミ削り出しのアイテム。ブラックとシルバー、2種類の色が選べる

¥10,560

キタコ
ステップボード

社外品

足元をハードなイメージに変えてくれるアルミ製のステップボード。シルバー仕上げとブラック仕上げの2タイプ

¥20,900/22,000

SP武川 ライセンスプレートリテーナー　社外品
ライセンスプレート固定ボルトと併用することでドレスアップするリテーナー。色は銀、黒、青、赤、金、ガンメタの6種　¥2,420

デイトナ PREMIUMZONE ナンバープレートホルダーセット　社外品
ライセンスプレート固定用のキャップボルトと独自デザインキャップボルトカバーのセット。キャップボルトカバーの色は6種　¥1,210

キタコ
フェンダーレス KIT

社外品

テール周りをスッキリしたフォルムに変貌させるアイテム。スチール製ブラック塗装仕上げ

¥13,200

Around Seat
シート周り

ライディング中は常に接し、その質が快適性を左右するシート。ドレスアップ効果も期待できる。

キタコ
タンデムバックレスト
社外品

高さをもたせることで、タンデムライダーのホールド性を大きくアップするアイテム。スチール製ブラック塗装仕上げ
¥22,000

SP武川 グラブバー　　　　　　　　　　　　　　　　　　　社外品
ドレスアップとともに実用性アップも実現できるバックレスト付きのグラブバー。丈夫なスチール製で、ブラック塗装仕上げとクロムメッキ仕上げ、2つのタイプが用意されている　　　　　　　　　¥21,780

SP武川 クッションシートカバー　　　　　　社外品
かぶせるだけと簡単装着のシートカバー。ダイヤモンドステッチがされた表革は滑りにくくオリジナルスポンジ併用で疲れにくい　　　¥6,380

SP武川 エアフローシートカバー　　　　　　社外品
ノーマルシートにかぶせるだけで、クッション性と通気性をアップできるカバー。夏のライディングにピッタリ　　　¥3,080

Other Parts
その他

最後に、これまでのカテゴリーに当てはまらない、様々なパーツを紹介する。自分に合った一品を選ぼう。

SP武川
フロアステップ
サイドバー
社外品

フロアステップの側面に追加するファッションサイドバー。アドベンチャースタイルを強化してくれる。スチール製ブラック塗装仕上げ
¥19,580

SP武川 LED フォグランプキット　社外品

濃い霧や激しい雨の際、被視認性を向上する。取り付けにはフロアステップサイドバーの併用が必要　　　¥8,250(1個)/¥13,200(2個)

リアキャリア　Honda純正

長さ451mm、前幅385mm、後ろ幅204mm、許容積載量8kgのリアキャリア。同時装着用ハンドルウエイト付属　　　¥18,700

トップボックス 35L　Honda純正

高さ472mm、幅480mm。装着にはリアキャリア、キーシリンダーセット（¥2,750）、取付ベース（¥4,400）が別途必要　　　¥20,900

キタコ ヘルメットホルダー　社外品

タンデムステップ部に取り付けるヘルメットホルダー。素早くヘルメットを固定できる　　　¥3,960

旭精器 ロングスクリーン　社外品

高い防風効果を発揮する、高さ約730mmのロングスクリーン。純正同様、高さ調整が可能。ポリカーボネイト樹脂製　　　¥21,780

キタコ ポケットクッション　社外品

左側ポケットの底に敷くクッション。ポリエチレンフォーム製でブラックとレッドの2種がある　　　¥770

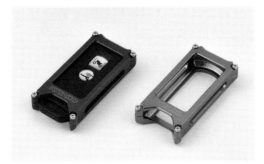

キタコ スマートキーケース　社外品

地味なスマートキーに個性を与えてくれるアルミ製のケース。レッドとガンメタリックの2カラーを設定　　　¥5,280

キタコ スマートキーステッカー　社外品

スマートキーを手軽にドレスアップできるステッカー。カーボン柄の黒と白、ヘアライン調の赤と銀、カモフラージュ柄の緑から選ぼう　　　¥330〜550

ADV150
BASIC MAINTENANCE

ADV150 ベーシックメンテナンス

高い設計・生産技術によりロングライフを実現している近年のバイク。それでも消耗する部分はあり、その部分の手当をしないと安全・安心して走ることはできない。ここでは基本のメンテナンスを解説する。

写真＝柴田雅人　Photographed by *Masato Shibata*
取材協力＝ホンダモーターサイクルジャパン／Honda Dream 川崎宮前

適切なメンテナンスで安全に楽しく乗ろう

バイクが本来の性能を発揮し楽しく安全に乗れるのは、本来の状態を維持していればこそ。だからこそ点検やメンテナンスが必要なのだ。代表的なものは、タイヤ、エンジンオイル、ブレーキ。灯火類もその1つではあるが、ADV150はLEDを使っているので故障の可能性は低くなっている。ス

クーターはドライブチェーンのメンテナンスとは無縁だが、駆動系パーツも消耗品で、10,000km程度で点検整備が必要。特別な工具が必要なので、ショップに依頼するのをおすすめする。また技術的に不安があるなら他の場所も点検にとどめ、不具合があったらプロに委ねるのも堅実な方法だ。

1 灯火類

自分の存在や行動を周囲に知らせる働きがある灯火類。ADV150はLEDを採用しているので、白熱球に比べ点灯しなくなる可能性は低いが、日常的に点検して正常動作を確認しておくこと。ただ故障した場合、大掛かりな対処が必要となる。

2 エンジンオイル

エンジン内部の潤滑、冷却など様々な役割があるエンジンオイル。走行距離はもちろん、使用期間が増えるほど劣化してしまうので、定期的な交換が必要だ。またエンジンオイルは、量が減ることもあるので、量の点検はこまめにしたい。

3 タイヤ

走行距離が増えるほど摩耗するタイヤ。また時間の経過で空気圧が減ったりゴムも劣化する。さらに路面にある異物が刺さったり、それにより損傷することもあるので、点検は欠かせない。

4 ブレーキパッド

ホイールに取り付けられたブレーキディスクを、ブレーキキャリパーを介して挟み付け、摩擦の力によりブレーキを掛けるブレーキパッド。使うごとに減り、完全に無くなると制動できなくなる。パッドの残量はまめ点検し、限度を迎えていたら交換する。

5 ブレーキマスターシリンダー

油圧の力でブレーキキャリパーを動作させるのがブレーキマスターシリンダー。レバーを握りしっかりとした握りごたえがあるか。油を貯めるリザーバータンクの油量が減っていないかをチェック。油量が減っている場合、ブレーキパッド摩耗が疑われる。

6 冷却水

エンジン内でガソリンを燃やした熱は、エンジンとラジエターを循環する冷却水で冷やされる。この冷却水が減る場合があるので、その予備を貯めているリザーバータンクで量を確認する。

タイヤの点検

タイヤはあらゆる性能の基盤といえるもので、状態が悪ければ加速、減速、燃費等々、幅広い部分に悪影響が出る。損傷の有無、摩耗状態、空気圧は定期的にチェックしたい。

フロント

01 乗車前にはタイヤに損傷がないか、異物が刺さっていたりしないか、全周に渡り確認する

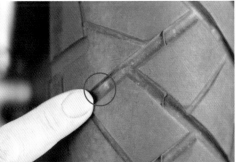

02 溝が残っているか確認する。タイヤ側面に三角印（写真左）のある位置の真横にある溝の中に、盛り上がっている部分（ウェアインジケーター）がある（写真右）。これが接地面と同じ高さになり溝を分断していたら交換時期だ

03 最低一ヶ月に一度、空気圧を確認する。フロントの既定値は200kPa（2.00kgf/cm^2）だ

リア

01 フロントだけでなく、リアタイヤも乗車前に損傷等がないか接地面を中心に確認する

フロントと同じ手順で摩耗（溝の残り）を確認する。溝は数値的にフロント1.5mm、リア2mmより浅かったら交換時期。場所により摩耗の進行が変わる場合があるので、複数箇所で確認する

02

03 リアの空気圧は225kPa（2.25kgf/cm^2）が既定値。タイヤが冷えた状態（走行前）で点検すること

空気圧の表示がシート下に

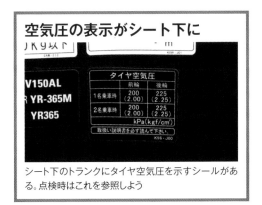

シート下のトランクにタイヤ空気圧を示すシールがある。点検時はこれを参照しよう

ブレーキの点検

意のままに走るため、そして何より安全に走るために重要なブレーキ。消耗する部分でもあるので、定期的な点検を必ず実施し、問題があればショップへ整備に出そう。

01 乗車前は、ブレーキレバーを握りしっかりタッチがある（握ると固くなり、ある程度のところで止まる）か、握った状態で車体を前後に動かそうとしても動かないかを、前後ブレーキそれぞれで確認する

フロント

01 平らな場所でメインスタンドを立て、右レバーにあるタンクを水平にし、液面が印線以上にあるか確認

02 液面が印線以下の場合、ブレーキパッドの摩耗を点検。上側からはライトを使い写真の向きから見る

下側はこのように下からライトを当てて点検する。上下から見るのは、回転するブレーキディスクをブレーキパッドで挟む関係上、上下で摩耗具合に違いが出る可能性があるからだ

03

04 確認するのは指し示しているパッド側面にある溝。これが無くなっていたら交換時期となる

乗車前にはブレーキディスクに損傷がないか、ホース等からオイル漏れがないかを確認する

リア

01 リアも平らな所でセンタースタンドを立てた状態で、左ブレーキレバーリザーバータンクの液面を見る

02 液面が低い場合、ブレーキパッドの摩耗を見る。フロント同様、上下からパッドの摩耗確認溝が残っているかを点検する。パッドが充分残っているのにリザーバータンクの液面が低い場合はショップに相談しよう

灯火類の点検

灯火類は、自分の存在や行動を周囲に知らせるという安全上重要な役割がある。点灯しない場合、バッテリーやヒューズを点検し、異常がなければショップに持ち込もう。

ヘッドライト

01 メインスイッチをオンにしライトが点灯するか点検する。この状態はライトをLOにした状態

02 スイッチをHIにするとライトの外端部分も点灯するのが正常な状態だ

ウインカー

01 ウインカーは、ウインカースイッチ、ハザードスイッチを操作し、点灯するかをチェックする

ストップ/テールライト

01 まずメインスイッチをオンにした時に、テールライトが点灯するかを確認する

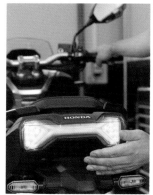

次に左右のブレーキレバーを握った時、ストップライトが点灯するかをチェックする。壁への反射を利用するか、写真のようにレバーを握った手と逆の手をかざして見ると良いだろう **02**

▌ナンバー灯

ナンバープレートの上にあるナンバー灯（ライセンスプレートライト）は、下から覗く方法もあるが、写真のように手をかざせばよりスマートに点検できる

01

スロットルの点検

スロットル（アクセル）が意図した通りに動かせるかは安全な走りをする上で重要な要素。異常を感じたら、ケーブル不良が考えられるので、ショップで点検をおすすめする。

01 メインスイッチをオフにし、スロットルを戻した（一番前に回した）状態を基準にチェックする

02 スロットルを開けていった時スムーズに回るか、ハンドルを左右に切っても重くならないかを確認する

03 01の状態から重さを感じる（ケーブルの引き始め）までの開き量（遊び）を確認する。2〜6mmが適正値

エンジンオイルの点検と交換

エンジンの性能を引き出し、維持する上で様々な働きをしているエンジンオイル。バイクにおける代表的な消耗品でもある。ここではその点検と交換の手順を説明していく。

点検

01 点検はレベルゲージを使う。エンジンが冷えている場合、3〜5分ほどアイドリングさせる

02 エンジンを止め2〜3分待った後、平坦な場所でメインスタンドを立てる。それからレベルゲージを外し、ウエス等でゲージに付いたオイルを拭き取る

03 レベルゲージを取り付け穴に差し込むが、ねじ込まないこと

04 レベルゲージを再び抜き取り、どの位置にオイルが付着しているかで量を確認する。格子模様がある部分の先端部が下限、逆側が上限となる。オイルが付着しないようなら補充する。点検後はレベルゲージを差ししっかりねじ込む

交換

01 初回1,000kmまたは一ヶ月、以後6,000kmまたは1年ごとに交換する。暖機後サイドスタンドを立てる

02 オイルを排出するドレンボルトは、エンジン後方下部の右側、写真の位置にある

傾いた状態だとオイルが抜けきらないので、ある程度オイルを排出したら車体を直立させ、残ったオイルを排出する。オイルが完全に抜けたら、新品のシールワッシャーを付けたドレンボルトを取り付ける

03 ドレンボルト下にオイルを受ける容器を用意し、12mmレンチでボルトを外しオイルを排出する

04

05 レベルゲージを外し、そこから新しいオイルを入れる。投入量は0.8Lだ

使用するオイルは？

粗悪なオイルはエンジンの寿命を縮め、本来の性能を発揮できなくしてしまう。ホンダ純正のウルトラE1 10W-30か、同等以上のオイルを定期的に交換することが、愛車の維持には重要になってくる。

冷却水の点検と補充

ガソリンを燃焼させて出力を得るエンジンは当然熱を持つ。その熱を冷やすための冷却水の量も点検項目。点検時は、平坦な場所でメインスタンドを立てて行う。

点検

01 右ステップボード下にあるリザーバータンク用点検穴から点検する。ライトがあると見やすい

02 タンクの側面にはUPPERとLOWER、2つの線があり、その間に液面があればOKだ

CHECK

リザーバータンクは周囲が囲まれていて暗いため、液面がやや見にくい。次ページで紹介する冷却水補充用リッドを開け、上からライトを照らすと液面の確認がしやすくなる

補充

01 冷却水の量が不足していたら補充する。まず右ステップボードにあるフロアマットを上に引いて外す

02 フロアマットを外すと、ステップボード中央にリザーバータンクリッドが姿を表す

03 リッドの長辺にあるスリットに車用外装外しなどを差し込み、こじることでリッドを外す

04 リッドを外すとリザーバータンクへアクセスできるようになる

05 黒いゴム製のキャップを上に持ち上げて外す。取り付ける場合は押し付け、タンクの縁に噛み合わせる

06 量を確認しながら冷却水（ホンダ純正ウルトララジエーター液）を補充する

07 リザーバータンクキャップを取り付け、リッドを元に戻す。奥側を先にはめ、手前側を押しロックする

08 フロアにある穴に突起を差し込みながらフロアマットを取り付ければ作業完了だ

バッテリーとヒューズの点検

灯火類が点灯しない、セルモーターが回らない、電気機器が不調になった。そんな時に点検したいのがバッテリーとヒューズだ。バッテリーの点検にはテスターを使用する。

バッテリー

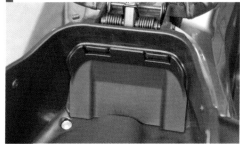

01 トランクの一番前にバッテリーカバーがある。そこからバッテリーへアクセスする

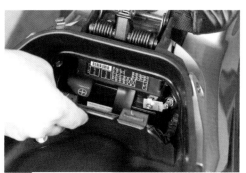

01 バッテリーカバー上端にあるタブを押し、ロックを外した状態で上から開くようにカバーを外す

02 ゴムのバンドで固定されているのがバッテリーだ。テスターを使い充電状態を点検する

赤い保護カバーをずらし端子を露出させ、テスターでプラスとマイナス端子間の電圧を測る。エンジンOFF状態で12.3V以下なら充電したい **03**

ヒューズ

01 なにか特定の機器が動かないならヒューズをチェック。バッテリーの上にあるボックスのカバーを外す

02 ヒューズボックスカバーは左右に爪がある。これを押しながら手前に引くことでカバーが外せる

03 カバーを外すと赤、青、灰の色分けされたヒューズが出てくる。ヒューズにある数字は容量を表す

04 カバーにはどのヒューズがどの電気系統用かを示すシールがある。不調箇所のヒューズを外して点検する

05 カバー裏側には予備のヒューズとヒューズ取り外し用工具がある。交換時は同じ色のヒューズを使うこと

06 ヒューズはコンパクトで外しにくいが、工具でつまんで引き抜けば簡単に外せる

07 2本の柱の間にある線が切れていたら交換する。交換してもすぐ切れるならショップに相談しよう

08 ヒューズボックスカバーを押すようにして元に戻し、バッテリーカバーを取り付けたら作業完了だ

ブリーザードレーンの清掃

エンジンの内部ではブローバイガスというガスが発生、エアクリーナーに戻されるがその一部は液化しブリーザードレーンに溜まる。その清掃も指定された整備項目となる。

01 車体左側、エアクリーナーボックスの後端下にある透明なチューブがブリーザードレーンだ

02 ブリーザードレーンに液体が溜まっていたら清掃する。まずペンチを使い固定用クランプをずらす

ブリーザードレーンを外し中の堆積物を取り除いたら、元に戻す

03

04 クリーナー前側にもドレンがある。下に受け皿を置き、先端のプラグを外して堆積物を抜き取る

トランスミッションオイルの点検と交換

リアタイヤを駆動する部分のギアに使われるのがトランスミッションオイルだ。交換時期は初回で新車から5年と長いので、メンテナンスとしては点検が主なものになる。

左リアサスペンション下のこの位置にレベルゲージがある。量の点検は1年に1度行いたい。点検時は平らなところでメインスタンドを立てて実施する

01

レベルゲージを反時計回りに回して緩め、抜き取る。布等でオイルを拭き取り、穴に差す（ねじ込まない）

02

再びレベルゲージを抜き取り、先端にある上下の線の間にオイルが付着していれば量は適正。ゲージに付かないようなら補充しておこう

03

04 交換時、オイルはドレンボルトから抜き取る。ホイール中心部裏側、写真位置にあるボルトがそれだ

05 ボルトを外し排出する。ボルトを戻し給油口から0.12L給油（エンジン用オイルを使用）する

スクリーンの調整

ADV150は自動車専用道を走れることもあってか、スクリーンの高さを調整することができる。メンテナンス項目ではないのだが、ここではその調整方法を解説する。

 写真は低い状態にセットされたスクリーン。ここから高い位置へと調整する

 スクリーン下、ウインカーの前方付近にある左右の丸いノブを外側に引っ張る。その状態を維持したまま止まるまで上に動かし、ノブを内側に戻せば調整終了。慣れれば1秒程度で調整できる

Special thanks

1階は幅広いラインナップの新車を、2階は新車・中古車やボリューム豊富な用品の展示、休憩スペースが設けられる。整備スペースも広大で設備も充実

フルラインナップを誇る大型店

東名高速道路、川崎インターからほど近い場所に店舗を構えるのが、取材にご協力いただいたホンダドリーム川崎宮前だ。251cc以上に特化したショップで大型車も豊富に在庫。また広大なスペースには認定中古車や各用品の展示の他、ゆったり過ごせる休憩スペースも完備する。

海谷拓馬 氏

作業を担当していただいたのは国家2級整備士でサービスチーフの海谷氏。愛車はスーパースポーツ車という根っからのバイク好き

Honda Dream 川崎宮前

神奈川県川崎市宮前区宮前平1-6-3

Tel. 044-871-6220

URL https://www.dream-tokyo.co.jp/shop_kawasaki-miyamae/

営業時間 10:30（土日祝は10:00）〜18:00 定休日 火曜、水曜

ADV150
CUSTOM SELECTION

高い性能と魅力的なスタイルを併せ持つADV150。だがグレードアップの余地は充分あり、また自分らしさを求めカスタムすることはオーナーの権利だ。そんなカスタムの参考になる車両を紹介しよう。

写真＝鶴身 健／柴田雅人／佐久間則夫／キタコ／プロト
Photographed by Ken Tsurumi ／ Masato Shibata ／ Norio Sakuma ／ KITACO ／ PLOT

スペシャルパーツ武川
http://www.takegawa.co.jp/

ドレスアップと機能性向上を
高いレベルで実現する

　カスタム製作コーナーでその製作過程を紹介しているのが、このスペシャルパーツ武川のデモ車両だ。まず目を引くのが独特なデザインのマフラー。元祖クロスオーバーバイクといえる往年のスクランブラー車をモチーフとしたデザインが独自性を発揮。駆動系にも手を入れることで走行性能を高めている。そこにグラブバーとマルチステーと、使い勝手を向上するアイテムを装着する一方、各部のドレスアップも妥協なく行われており、まさにカスタムの良いお手本と言える。

1.3. 左右のグリップ周りは、細かな位置調整が可能かつ可倒式で転倒時の破損にも強いビレットレバー、バーエンド、マスターシリンダーガードでドレスアップ。普段目に入りやすい部分だけにカスタムの満足度も高い　2. ハンドルマウント部にマルチステーをセットし、スマートフォンホルダーを取り付ける。テーパーハンドルのADV150の場合、一般的なハンドルクランプ式アクセサリーは装着が難しいので、このステーは有効性が高い

4. 右マスターシリンダーのクランプにはヘルメットホルダーを装着。スピーディーにヘルメットをロックでき、使えばその便利さがすぐ実感できるアイテムだ　5. 地味なノーマルのラジエターガードをアルミ削り出しのものにチェンジ。面積が大きいので存在感は部品単体で考える以上に大きい　6. 駆動系はウエイトローラーとセンタースプリングをオリジナルに交換してセッティング　7. クラシカルなヒートガード、2本出しテールエンド、独特な取り回しのエキゾーストパイプの組み合わせで強い個性を発揮しているスクランブラーマフラー。排気ガスや音量といった環境性能に加え動力性能にも優れた一本だ　8. ステップボードサイドにはフロアステップバーを装着し、アドベンチャースタイルのランクをアップさせている　9. 純正リアグリップに替えバックレストが付いたグラブバーとすることで、カスタムスタイルを創造し、タンデムランでの快適性を向上させる

ツアラテックジャパン
https://touratechjapan.com

アドベンチャーテイストを
さらに引き上げる

アドベンチャーバイク用のアイテムを多数リリースしているツアラテックジャパンとヤングマシン誌がコラボして生まれたのがこの車両。

オリジナルペイントされた車体にアドベンチャーらしさを強烈にアピールするクラッシュガードをセット。そこに旅の定番パニアケースを取り付け。ハンドガードやフォグランプも雰囲気作りに一役買っている。カラーリングやパーツセレクトといったテイストの統一感が、カスタムの出来栄えに及ぼす重要性を意識させられるカスタムだ。

1.2. オフロードイメージを高めるハンドガードを装着。この車両はリアキャリアを装着しているのでバーエンドも対応品に変更している　3. 車体を大きくカバーするクラッシュガードはタイのPOWER MOTO製。残念ながらツアラテックジャパンでの販売予定はないとのこと　4. 暗い道や霧が濃い状況で被視認性をアップしてくれるフォグランプ。デナリエレクトロニクスによるLEDを使った製品で光量は十二分

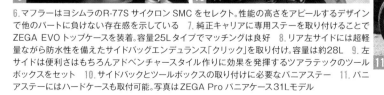

6.マフラーはヨシムラのR-77S サイクロン SMC をセレクト。性能の高さをアピールするデザイン
で他のパートに負けない存在感を示している　7.純正キャリアに専用ステーを取り付けることで
ZEGA EVO トップケースを装着。容量25L タイプでマッチングは良好　8.リア左サイドには超軽
量ながら防水性を備えたサイドバッグエンデュランス「クリック」を取り付け。容量は約28L　9.左
サイドは便利さはもちろんアドベンチャースタイル作りに効果を発揮するツアラテックのツール
ボックスをセット　10.サイドバックとツールボックスの取り付けに必要なパニアステー　11.パニ
アステーにはハードケースも取付可能。写真は ZEGA Pro パニアケース31L モデル

エンデュランス
https://endurance-parts.com

スタンダードカラーとの
相性を考えてセットアップ

　HRCオフィシャルスポンサーとして、MotoGPマシンのパーツ製作を行うなど、高い技術で知られるエンデュランス。そんな同社が豊富な製品の中から厳選したアイテムを使い作り出したのがこれだ。ロングスクリーンとリアキャリアにより機能性をアップする一方、ローダウンキットを組み込むことで扱いやすさを上げつつストリートスタイルへと変貌させる。そこに車体色との相性抜群の2トーンカラーのドレスアップパーツを投入。作り手の優れたセンスをアピールしている。

1. ブレーキレバーは位置調整が可能で転倒時の破損等に強いアジャスタブルレバー可倒式をセット　2. ブレーキマスターシリンダーには2トーンカラーのマスターシリンダーホルダーとマスターシリンダーキャップを装着しドレスアップ　3. ミラーはブラック&レッドのラジカルミラーを取り付ける　4. 切削加工とアルマイト処理を複数回繰り返すという手間のかかる工程を経て生み出される、2トーンカラーのハンドルバークランプ

5.スクリーンはロングタイプにチェンジ。ハイポジションに設定すると上端部の高さがノーマル比約110mm高くなり、走行風からライダーを守り疲労を低減してくれる　6.キャリパーガード、アクスルプロテクターを取り付け、転倒時のダメージ軽減とドレスアップを両立する。フロントフォークにはローダウンキットに含まれるショートタイプのフォークスプリングが組み込まれている　7.メッキタイプエアクリーナーカバーで高級感をアップ。ローダウンキットに含まれるリアショックはいくつかのカラーバリエーションがあるが、黒ボディに赤スプリングのタイプをセレクト　8.リア周りのスタイル作りといえばのアイテム、フェンダーレスキット。スッキリとしたこの姿はやはり魅力的　9.車体にピッタリフィットしたラインが技術の高さを伺わせるカウルサイドバー　10.メッキラジエターカバーとアルミ削り出しオイルレベルゲージでエンジンを彩る　11.車両メーカーと同様の多角的な強度テストを繰り返し作られた高品質なリアキャリア

プロト
https://www.plotonline.com

ADV150の生まれ故郷
タイのパーツでカスタムする

　ご存じの方もいると思うが、ADV150はタイにあるタイホンダマニュファクチャリングで製造されている。同社が展開しているカスタムパーツブランド、H2Cのアイテムを使い、その代理店であるプロトが作り出したのがこの車両だ。H2Cが得意とするアルミビレットパーツが多用されるのはもちろん、国内メーカーとは一味違ったヘッドライトガードやリアキャリアによって異国情緒が感じられ、これもまたカスタムの醍醐味となっている。自分らしさの創造に参考になる一台と言えよう。

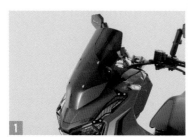

1. ダークスモーク仕様で大きな存在感を発揮しているスクリーン。大きさや形状はノーマルと同じというから、色合いの影響の大きさを実感させられる　2. 不整地走行時の飛び石からのライト破損を低減するアイテムとしてアドベンチャー車では定番のヘッドライトガード。無骨なデザインもあってアドベンチャーイメージのアピール力は抜群だ　3. フロントブレーキにはキャリパーガードを装着。アルミ製シルバー仕上げなのでフロントフォークとの一体感は流石の一言

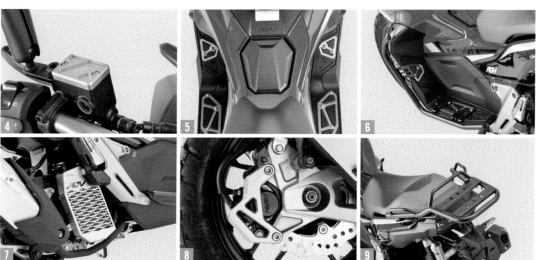

4.ブレーキマスターシリンダーにアルミ製カバーセットを取り付けドレスアップ　5.黒一色で地味なノーマルステップボード。そこにアルミを効果的にデザインしたフロアパネルを取り付けることで、アピールポイントに昇華させる　6.ヘビーデューティーなイメージをアップするのはもちろん、転倒時の損傷軽減も期待できるサイドファッションバーを装着。前出のフロアパネルとのコンビで取り付けるアイテムだ　7.ADVのロゴが入ったステンレス製のラジエターカバー。同様の他社製アイテムに比べてコンパクトな印象だが、ガード部の複雑なデザインもあって存在感は十二分　8.リアキャリパーにもガードを装着。タフさを念頭にデザインされたスイングアームとの相性抜群だ　9.アシストグリップを備え、実用上の便利さが容易にイメージできるリアキャリア。最大積載量は5kgを確保し容量30Lまでのトップケースに対応する

キタコ
https://www.kitaco.co.jp

定番的カスタム手法に
最新のトレンドを入れ込む

　ADV150を含むスクーターは、アップライトなポジションなこともありライダーの視線に入りやすいハンドル周りのカスタムは、効果的であり定番となっている。この車両でもマスターシリンダーキャップやバーエンド、ミラー等をドレスアップ。同時にタンデムバーやフェンダーレスと人気のアイテムを加える手堅い手法を採る一方、最近急速に装着率を高めているドライブレコーダーを組み込んでいることに注目。こうしてカスタムは日々進化し、新しい姿を見せてくれるのである。

1. ハンドルホルダー部にマルチバーバスバーを取り付け、モバイルホルダー等の取り付けに備える　2. ホンダのアクセサリーカタログにも掲載されている、ポケットクッションの赤をグローブボックスにセット　3. キタコは様々なタイプのマスターシリンダーキャップをリリースするが、この車両ではシンプルデザインながら2トーンカラーで存在を主張するアルミマスターシリンダーキャップタイプ5をセレクト　4. ブラックアルマイト仕上げのステップボードでドレスアップ

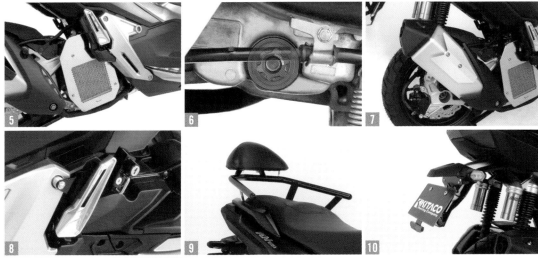

5. 比較的プレーンなデザインを採用したラジエタースクリーン。ステンレス製で耐久性もバッチリ 6. ストレーナーキャップをアルミ削り出し品に交換。さり気なくエンジンに視覚的ポイントを追加している 7. マフラーはノーマルながらヒートガードをオリジナルのプレートタイプに交換。まるで純正がそうだと思わせるマッチングの良さを見せる 8. 左タンデムステップ部にヘルメットホルダー増設し使い勝手をアップ 9. カスタムスクーターの定番アイテムの1つ、タンデムバックレストをセット。タンデムライダーを大きくホールドし快適なタンデムラン環境を作り出している 10. フェンダーレスキット取り付けでスッキリとしたリア周り 11. 意外とマウントに苦労するドライブレコーダーのカメラ。キタコではライセンスプレート装着タイプのカメラステーを用意し、その苦労を大きく低減する。MITSUBA社製のドライブレコーダー、EDR-11/21/21G の装着を確認している

ADV150
CUSTOM MAKING

ADV150 カスタムメイキング

愛車を自らの手でカスタムするというのは、バイクの楽しみの1つ。本コーナーは
そんなセルフカスタムの参考になる、人気カスタムパーツをプロが取り付ける工
程を、豊富な写真で説明していく。必要な工具を備えた上でチャレンジしよう。

写真=鶴身 健／柴田雅人　*Photographed by Ken Tsurumi ／ Masato Shibata*
取材協力=スペシャルパーツ武川　http://www.takegawa.co.jp/　Tel.0721-25-1357
ツアラテックジャパン　https://www.touratechjapan.com/　Tel.042-850-4790
ヤングマシン　https://young-machine.com

SP武川のアイテムで
トータルカスタム

走行性能、スタイル、実用性を
同時にアップデートする

　ミニバイク系の性能向上アイテムを中心に、多数のカスタムパーツを展開するSP武川ことスペシャルパーツ武川。125cc前後のスクーター用アイテムも多くリリースしており、その品質の高さはホンダのアクセサリーカタログに掲載されていることからも伺い知れる。

　当コーナーではそんなSP武川のアイテムを装着する工程を詳しく解説していく。今回取り付けるのは、スクーターの乗り味を左右する駆動系パーツ、カスタムの代名詞と言えるマフラー、タンデムランや積載時に役立つグラブバーに、愛車に個性と機能を加える各種エクステリアパーツとなる。上の写真の車両はそれらのパーツを取り付けた完成例で、車体をトータルでカスタムしていることが分かるだろう。

　エクステリアに一味加えて見る人にしっかりアピールしつつ、走行時にも変化を実感できる。そんなカスタムをぜひ自らの手で作り上げる参考にしてほしい。

1. オフロードテイストを高めてくれるスクランブラーマフラー。黒で目立たないノーマルからアルミ製とすることで個性を発揮するラジエターコアガードにも注目　2. タンデムライダーの快適性を大きくアップするバックレスト付きのグラブバーを装着　3. アドベンチャースタイルをより強調してくれるフロアステップサイドバー　4. ハンドル周りを彩るアルミ削り出しのバーエンドとブレーキレバー　5. 見た目には分からないが、センタースプリングとウエイトローラーを変更することで、変速特性を変化させ、ADV150の性能を十二分に引き出す

ラジエターコアガードの取り付け

水冷スクーターならではのアイテム、ラジエターコアガード。意外と大きいだけにカスタム効果は大。

ラジエターコアガード
アルミ材を削り出した後、アルマイトで仕上げたコアガード。写真のシルバーの他、ブラックも選べる　¥10,560

02 固定ボルトを外したら、ガードを手前に引いて車体から外す

03 ラジエターの左上を固定している写真位置のボルトを10mmレンチで外す

04 取り付けるガードの左上のボルト穴は固定に使用しない。付属のボルトとナットを事前に取り付けておく（ボルトが表側）

01 純正のラジエターガードはボルト3点で固定されているので、それを10mmレンチで取り外す

05 カラーを間にはさみつつ、ボルト4点でガードを固定する。使用レンチは4mmヘキサゴンで締め付けトルクは6N·m

マフラーの交換

スタイルを一変させるスクランブラースタイルのマフラーを装着。性能部品だけに慎重に作業したい。

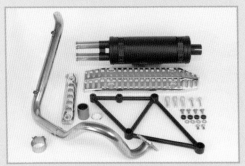

スクランブラーマフラー
ツインテールパイプとクラシックスタイルヒートガードを採用。安心の政府認証品ながら性能もアップする　¥54,780

センタースタンドを立てたら、写真位置から10mmレンチを差し込み、マフラーとエンジンを固定するナット2個を外す **01**

02 サイレンサーを固定するボルト3本を14mmレンチで外す。マフラーが落ちないよう、支えながら作業する

先端部が車体に引っかからないよう、注意しながらマフラーを取り外す **03**

付属のステーを、ノーマルサイレンサーを固定していたボルト穴に固定する。使用レンチは8mmヘキサゴンで締め付けトルクは44N·m **04**

取り付けるエキゾーストパイプに新品のガスケットを取り付ける。古いガスケットがエンジンに残っていないかも確認しておくこと **05**

手の脂が付着していると熱で焼けて汚くなるので、後で触れられなくなる先端部をウエスを使いきれいにしておく **06**

きれいにした先端部に触れないようエキゾーストパイプを車体にセットし、ナットでエンジンに留める（仮留めにしておく）

07

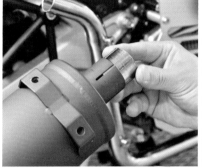

サイレンサーの入り口に付属する筒状のガスケットを差し込む。入り口先端からはみ出ないようにすること

08

サイレンサー裏側には政府認証品を表すプレートがある。プレートには保護シートが貼ってあるので剥がしておく（熱で融けてしまうため）

09

サイレンサーをエキゾーストパイプに留めるバンドをサイレンサーに差し込む。その後、脱落しない程度に締めておく

10

11 サイレンサーをエキパイに差し込み、その裏面から先に取り付けたステーにボルト留めする

マフラー全体が無理なく取り付けられているのを確認したら、ボルト類を本締めする。エキゾーストパイプのフランジ部は29N·mのトルクで締める

12

ステーとの接続部は12mmレンチを使い20N·mのトルクで締め込む

13

エキゾーストパイプとサイレンサーの接続部のバンドは、10mmレンチで10N·mのトルクで締める

14

続いてエキゾーストパイプにヒートガードを取り付ける。まず固定用のビスにワッシャー状のガスケットを取り付ける

15

ガスケットを取り付けたビスをヒートガードに差し込む

16

差し込んだビスに、ヒートガードを挟むようにガスケットを取り付ける。もう1つの固定穴にも同様にしてビスを取り付けておく

17

ヒートガードをエキゾーストパイプにセットし、プラスドライバーでビスを締め固定する

18

ヒートガードが外れないよう、6N·mの締め付けトルクでビスを締め込む

19

サイレンサー用のヒートガードを取り付ける。固定用の穴が4つあるので、それぞれゴムのグロメットを取り付ける

20

取付穴の位置を合わせながらヒートガードをサイレンサーにセットし、付属のボルトで仮留めする

21

22 すべてのボルトを仮留めし、状態に無理がないことを確認したら5mmヘキサゴンレンチを使い10N·mのトルクで締める

駆動系パーツの交換

スクーターの走行性能を左右する、駆動系のウエイトローラーとセンタースプリングを交換していく。

ウエイトローラー
主に加速特性に影響するパーツで、6個1セット。重さは10g、9.5g、8.5g（1個あたり）の3種あり　　　　¥2,860

クラッチセンタースプリング
ノーマルよりバネレートをアップすることで、減速後の再加速時に鋭い加速力を得ることが可能になる　　　¥2,420

01 シルバーのカバーの上にある、Lリアーカバーを外していく。まず8mmレンチで固定ボルト2本を外す

ボルトを外したら手前に引いて外す。この部品は写真のように細長い形状をしている **02**

03 写真位置にあるLカバーダクトを、8mmレンチでボルト3本を抜き取ってから取り外す

駆動系を収めている銀色のLサイドカバーは10点のボルトで固定されている。位置を確認しておこう **04**

カバーの固定ボルトを8mmレンチを使いすべて取り外す

05

ボルトを外したら、カバーをまっすぐ横に引いて外す。ノックピンがあるので斜めになっているとカバーは外れない

06

プーリーを外す。ドライブフェイスをユニバーサルホルダーで固定しつつナットを22mmレンチで緩める。怪我防止のため作業グローブ装着を推奨する

07

クラッチ側もこの時点で分解する。クラッチアウターをユニバーサルホルダーで固定し中央のナットを19mmレンチで緩める

08

プーリーのナットを緩めて外したら、その下にある厚いワッシャーも外す

09

ドライブフェイスをシャフト（クランクシャフト）に沿ってまっすぐ手前に引き抜く

10

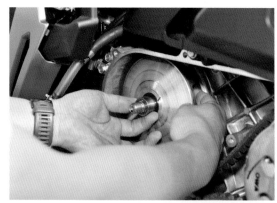

11 ドライブベルトをずらし、プーリー（ムーバブルドライブフェイス）を抜き取る。ウエイトローラーはこの中にある

プーリーを裏返し、ランププレートを抜き取る

12

溝にはまっている黒い部品がウエイトローラーだ。そのまま取り外すことができる

13

左が純正、右が武川製のウエイトローラー。見た目は重さによっても変わる。ノーマルの重量は20g。カスタムの仕様や好みで重量をチョイスしよう

14

POINT

15 ローラーをセットする。ローラーは一方の側面が樹脂に覆われているので、それを向かって左にすること

ローラーをセットしランププレートを取り付けたプーリーを、それらが外れないよう注意しつつクランクシャフトに差し込む

16

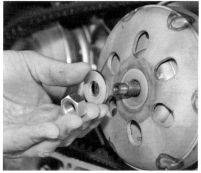

センタースプリングを交換するためクラッチを分解する。緩めておいたナットを外し、その下のワッシャーも外す

17

クラッチアウターを手前に引いて取り外す

18

19 ドライブベルトごとクラッチ一式を抜き取る

クラッチをホルダーで固定しつつ、中央にあるナットを39mmレンチで外す。ナットが外れるとクラッチが飛び出すので上から押さえながら作業すること

20

クラッチを外した状態。センタースプリングが直下にあるので、ナットを外すとクラッチが飛び出すのだ

21

シールカラーを抜き取りノーマルのセンタースプリングを取り外す

22

左がノーマル、右が武川製のセンタースプリング。スプリングの強さと長さが異なっている

交換するスプリングをフェイスセットに取り付け、そこにシールカラーを差し込む

23

クラッチを取り付け、ナットを締めたら（締め付けトルク54N・m）、上下のフェイスセットを開き、ドライブベルトをできるだけ中に落とし込む

24

クラッチ一式をドライブベルトとともに車体に取り付ける

25

26 クラッチアウターを取り付ける。これにはスプラインがあるので、シャフトのそれと噛み合わせて差し込むこと

分解時に外したワッシャーを付けナットで固定する。締め付けトルクは49N·m。写真ではしていないが、怪我防止のため作業グローブ装着を推奨する

27

ベルトを挟まないよう注意しつつ（ベルトが外周側にくるようにする）、ドライブフェイスを差し込む

28

ワッシャーをセットし、59N·mのトルクでナットを締め込む

29

ベルトを動かし、プーリー部で挟まれていないかを確認。問題なければクラッチを掴んで回転させ、ベルトをクラッチ外周に移動させる

30

Lサイドカバー取付ボルト穴の右下と左下にはノックピンが用いられる。カバー側に刺さっていることもあるが、存在を確認しておく

31

カバーをセットしボルトを使って固定する。数が多いので取り付け忘れに注意し、なるべく対角の順かつ均等に締めていく

32

カバーダクトを取り付け、ボルト3本で固定する

33

34 リアーカバーを取り付ければ駆動系部品交換の作業完了だ

グラブバーの取り付け

タンデムランでの快適性向上や積載の利便性が上がるグラブバーの取付方法を解説していこう。

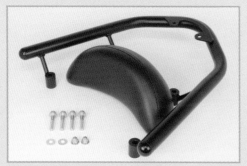

グラブバー
快適性とデザインの両立にこだわったグラブバー。メインパイプは直径28.6mmでバックレストが付属する ¥21,780

ノーマルのリアグリップを外すため、シートを開け固定ボルト左右各2本を12mmレンチで外す **01**

02 後ろ側のリアグリップ固定部にはカラーがある。カウル内部に落ちやすいので事前に外してからグリップを取り外す

キット付属のバックレストを裏返し、生えているネジ山のあるシャフトにワッシャーを取り付ける **03**

ワッシャーが落ちないよう注意しつつ、グラブバーにバックレストをセットする **04**

05 取り付け穴にシャフトを通したら付属のフランジナットを取り付け、12N·mのトルクで締める。使用工具は12mm

リアグリップが
付いていた穴に
合わせて、グラ
ブバーをセット
する **06**

付属のボルトを
差し、6mmヘキ
サゴンレンチを
用い25N・mの
トルクで締め付
ければ完成だ **07**

バーエンドの交換

ノーマルが地味なだけに交換効果が大きいバーエン
ド。購入時は適合をしっかり確認しておくこと。

バーエンド（ノーマルハンドルパイプ用）
ノーマルハンドルに対応したバーエンドで、素材はアルミ（シ
ルバー、ブラック、レッド）とステンレスがある　　￥6,380

ノーマルを固定
しているプラス
ビスを外す。固
く締まっている
ので、サイズの
合った工具を、
浮かないよう
しっかり押し付
けながら回すこ
とが重要だ **01**

プラスビスを緩
めると、このよう
にバーエンドを
取り外すことが
できる **02**

取り付けるグ
リップに付属す
るボルトを通し、
グリップを貫通
したそれにワッ
シャーを取り付
ける **03**

04 バーエンドをハンドルに密着させた状態でボルトを締め込
む。締め付けトルクは9N·mで使用レンチは5mmヘキサゴン

05 右側も同様に作業するが、ハンドルとの間に挟むのはやや厚みのあるカラーになるので間違えないこと

ブレーキレバーの交換

スタイルアップするだけでなく、細かな調整ができるなど機能にも優れるレバーに交換する。

ビレットレバー（可倒式）R.レバー
転倒時、レバーが折損しにくい可倒式のレバー。6段階での位置調整も可能　　　　　　¥14,080

ビレットレバー（可倒式）L.レバー
左ブレーキ用のアルミ削り出しレバー。右用同様、レバーはガンメタル、アジャスターは赤アルマイト仕上げ　¥14,080

左レバーから交換する。レバーのピボットボルトをマイナスドライバーで固定しつつ、裏側のナットを10mmレンチで外す

01

ナットを外したらピボットボルトを抜き取る

02

前方に引いてホルダーから抜けば左レバーが外せる

03

摺動部にグリスを少量塗布し、ホルダーに取り付けるレバーを差し込む

04

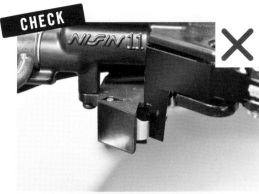

CHECK

ホルダーの根元にはスイッチがある。その銀色の板を
レバー根元にある突起が押している下の写真の状態
になるように、レバーをホルダーに取り付けること。問
違えると破損の恐れがある

レバーとホルダーの穴の位置を合わせ、そこにピボットボルトを差す。そしてマイナスドライバーで時計回りに回し、1N·mのトルクで締める

05

ピボットボルトをドライバーで回り止めしつつ、ナットを6N·mのトルクで締め付ける

06

アジャスターを操作し、程よい位置にレバーを調整する

07

この部分の締め付け具合でレバー可倒部の硬さが変わる。調整時は3mmヘキサゴンと8mmレンチを使用する

08

右側レバーの作業に移る。こちらはピボットボルト側も10mmレンチを使用する

09

10 スイッチの形状も異なる。左側と違い、ボタンのような形状なので、特に意識して作業する必要はない

摺動部にグリスを少量塗布した後、レバーをセットしピボットボルトを差し込み、ナットを左同様6N・mで締めれば交換完了だ

11

マルチステーの取り付け

独特なハンドルのため、一般的なハンドルマウントアクセサリーが使えないADVにうってつけのアイテム。

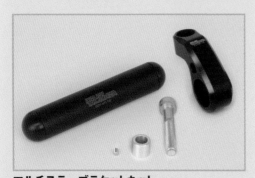

マルチステーブラケットキット
ハンドルマウントタイプの各種ホルダー装着に便利なブラケットキット。ハンドルクランプに取り付ける　　　¥6,050

01 バーとブラケットの位置を調整する。ブラケットからバーの端（キャップを除く）まで45mmが規定値だ

ブラケット裏にはバー固定用のネジ穴がある。そこに用いるイモネジに低強度のネジロック剤を塗る

02

バーの位置がずれないようにしつつ、イモネジを1N・mのトルクで締め、バーを固定する。使用レンチは2mmヘキサゴンだ

03

このキットはハンドルクランプ部に取り付ける。今回は向かって左に付けるので、左側クランプの手前側にあるキャップを先の薄い物を使い取り外す

04

キャップを外すとボルトが現れるので、6mmヘキサゴンレンチで緩めて外す

05

06 ボルトを外したクランプの穴に付属のカラーを差し込む

ブラケットキットを取り付け、付属のボルトを差し込む。ブラケットがハンドルと垂直になるよう保持し、ボルトを27N・mで締めキャップを付ければ完成 **07**

フロアステップサイドバーの取り付け

スタイルによりハードな雰囲気をもたらすサイドバー。取り付けが容易なのがうれしい。

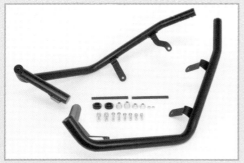

フロアステップサイドバー
軽度な転倒に対応しアドベンチャースタイルを高めるサイドバー。無加工で取り付けられるのもポイント　¥19,580

ステップラバーを取り外す。ラバーにある突起をボディから引き抜くだけだ **01**

写真の位置にあるボルト3本を取り外す。使用する工具は10mmレンチだ **02**

ボルトを外した穴にはそれぞれ別のカラーを入れる。一番前の穴に使うのはこの小さなカラー **03**

カラーはボルト穴の一番奥へ、このように取り付けておく **04**

中央のボルト穴には先端に突起があるこのカラーを差し込む

05

一番後ろはこのカラー。中央のカラーに比べて厚みがある。いずれも先端の突起がボルト穴中央の凹みにはまるようにする

06

CHECK

○

✕

カラーを正しく取り付けると、写真上のようにカラー天面とフロアがフラットになる。写真下は間違って厚いカラーを取り付けた例で、数mm程度だがフロアから飛び出してしまっている

次の工程に進む前に、改めてカラーが正しくセットできているかを確認する

07

取り付けボルト穴を合わせフロアにバーをセットする

08

ボルトでバーを固定する。一番前は、4mmヘキサゴンレンチを使うボルトを使用する

09

後ろ2点の固定には3mmヘキサゴンレンチを使うボルトを用いる。締め付けトルクは8N·m

10

78

バーの先端に付属のキャップを取り付け、ボルトで留める

11

6mmヘキサゴンレンチを使い、固定ボルトを20N・mで締める

12

ステップラバーを元に戻す

13

14 逆側も同様にして取り付ければ作業完了

CHECK

取り付けステーの関係で、サイドバー取り付け後はステップラバーが多少凸凹する。気になる場合は、以下の手順で改善することができる。

中央と後部の取り付けステーの間、ステップボード外側の縁の間にキット付属のラバーを貼り付ける

ステップラバーの端、ステーの盛り上がっている部分に重なる部分をカットする

Special thanks

打田勇希 氏

スペシャルパーツ武川にて製品のテストや各種組付けサービスの実施等を担当するベテランスタッフ。弊社発行の各書籍でも作業を担当していただいている

ツアラテックのアイテムでアドベンチャー感UP!

キャリアの装着で積載性を向上し
長距離ツーリングへ適合させる

　近年、荷物の積載方法としてすっかり定着したトップケースやパニアケースといったハードケース。荷物を収めやすく脱着も容易と、荷物が多くなりがちな長距離ツーリングだけでなく、日常使いでも活躍してくれる。

　ハードケースは車体にガッチリ安定して取り付けられるのもメリットだが、そのためには専用のキャリアやマウントが必要になってくる。ツアラテックジャパンでは各種アドベンチャーマシンに適合したキャリアやハードケースをリリースしており、その装着手順およびハンドプロテクターの取り付けも解説していく。技術的にはそれほど難しいものではないが、状態を確認しつつ確実な取り付けをしないと安全面に悪影響を及ぼしてしまう。事前に手順を頭に入れ、丁寧に作業をしていこう。

1. 手元に当たる風や草木を防いでくれるハンドプロテクター。スタイルをぐっとオフローダー方向にしてくれる効果も大きい　2. 積載性をアップしアドベンチャースタイルにするのにうってつけなパニアステー。同社製のパニアケースやツールボックスの取付が可能。またトップケースステーを追加することでトップケースの取り付けも可能　3. トップケースステーを追加したパニアステーにツアラテックのZEGA EVOトップケース38LとZEGA Proパニアケース31Lを取り付けたのがこちら

ハンドプロテクターの取り付け

オフロードテイストを高めてくれるハンドプロテクター。スペースが限られているので、各部に干渉していないか、注意しながら作業をすすめること。

GD ハンドプロテクターセット
オフロードテイストを高めるプロテクター。高強度プラスチック製で軽くて丈夫なのが特徴　　　¥16,093

01 ゴムを挟んだペンチでグリップエンドを固定し、ビスをプラスドライバーで緩める

02 キット付属のカラーにワッシャーを入れる

03 ワッシャーを入れたカラーに付属のボルトを通し、それをハンドプロテクター側面の穴に差し込む。ツアラテックのパニアステーや純正キャリア装着車両では付属グリップエンドを使用するため、付属ボルトの長さも異なる

04 グリップエンド（写真はツアラテック製のもの）にハンドプロテクターのボルトを差し込む

05 ハンドプロテクターが動く程度にボルトを仮締めする。使用工具は5mmのヘキサゴンレンチだ

ハンドプロテクター
は取付角度によって
はスクリーンに干渉
する。ハンドルを切
り、一番接近する状
態にして、干渉しな
い位置にハンドプロ
テクターを調整する

06

07 位置が決まったら、取り付けボルトをしっかりと締め
ハンドプロテクターを固定する

CHECK

ハンドプロテクター内側をハンドルに固定するクランプ。
一方のボルトは長く、写真のようにカラーを使用する

08 取り付けボルトが短い方を上にしてハンドルにクラ
ンプを挟む

09 カラーを間にはさみつつクラ
ンプにプロテクターをセット、
ワッシャーとナットを付ける

10 上側の固定ボルトにもナットを付ける。そしてそれぞれナットを10mmレン
チで固定しながら、上下均等にボルトを締め込む。ボルトに使用する工具は
4mmヘキサゴンレンチだ

11 改めてスクリーンへの干渉がないことを確認したら
取り付け完了だ

CHECK

防風性能をアップできるスポイラー(¥3,773)もある。
取り付け時はガードにビスで固定する

パニアステーの取り付け

複数の部品で構成されるステー。各部を仮留めしな
がら組み合わせていくことが、各部に無理を加える
ことなく取り付けるためのポイントとなってくる。

パニアステー
左側に各種パニア、右側にツールボックスが取付可能な
ステー。トップケースステーも取付可能　　　　¥46,200

01 ステーの取り付けベースとなるキャリアを取り付けるため、リアーグリップを取り外す。グリップは左右それぞれボ
ルト2本で固定されているので、それぞれを12mmレンチで抜き取りグリップを取り外す

キャリアをセットし、ボ
ルト4本で固定する。
このキャリアそのもの
はホンダ純正品だが
パニアステーを取り
付けるための加工が
施されている

02

03 ステー右側を取り付ける。ステーには取り付けボル
ト穴が3つある

04 キャリア側の取り付け穴に合わせてステーをセット
し、付属のボルトで前側2点を仮留めする

05 後ろ1点も同様に仮留め。すべてのボルトはスプリングワッシャーを併用している

06 左側のステーも同様の手順でキャリアに取り付ける

07 左右のステーをシャフト状の部品で接続する。左側がボルト2点、右側がボルト1点での接続となる。右側の取り付け穴は、写真右のように下の穴を使用する。すべてのボルトは仮留めとすること

08 すべての部品が無理なく取り付けられているのを確認したら、全ボルトをしっかりと本締めする

09 以上でパニアステーの装着は完了だ

トップケースステーの取り付け

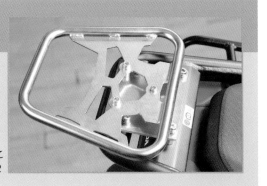

ツアラテックのトップケース装着用ステーを取り付けていく。このステー取り付けは、同社製パニアステーかホンダ純正キャリアの装着が前提となる。

トップケースステー
ツアラテック製トップケースをワンタッチで取り付けることが可能なステー　　　　　　　　¥19,052

CHECK

ステーとベースプレートの間に用いるカラー。ステーを水平に取り付けるため、一方の面が斜めになっている

01 キャリアにある取り付け穴に、写真の向き（斜めの面の高い方が前）でカラーをセットする

02 カラーの上にベースプレートをセットし、スプリングワッシャーを付けたボルトで固定する

03 ベースプレートを付けた状態。ステー用の取り付け穴が写真の向き（下が前）であることを確認する

CHECK

ベースプレートとステーとに使うカラーは2種類ある。細い物はプレート中心部にある取り付け穴に使う

04 プレートの上にカラーを配置、それに合わせてステーをセットしボルトを差し込む

05 均等にボルトを締め込み、ステーを固定する。ガタツキの原因となるので、各固定ボルトはしっかりと締め込んでおくこと。以上でトップケースステーの取り付けは完了となる

ツールボックスの取り付け

パニアケース右側にツールボックスを取り付ける。いろいろ収納できて便利かつスタイルアップに役立つパーツで、取り付けも難しくない。

ツールボックス
工具やカッパ、グローブなどちょっとした小物の収納に便利。蓋は施錠も可能な構造　　　　　¥24,200

01 ツールボックスは4点でパニアステーに固定する。ステーにボックスをセットし前側から留めていく

02 ワッシャーを併用したボルトをステー裏側から通し、ボックス内側からボルトにナットを仮留めする

03 後ろ側はステーとボックスの間にカラーを挟む。ステーにボルトを通し、そこにカラーを差し込む

04 ボルトをツールボックスに差し、前側と同じくボックス内側からナットを仮留めする（上側のみ）

05 無理なくステーにセットできていること確認したら、4mmヘキサゴンレンチと10mmレンチで本締め

06 後部固定ボルトの下側は、蓋に付いた紐の金具を取り付けてからナットを取り付け、締め付ける

パニアケースの取り付け

先に取り付けたパニアステーには各種パニアケースが取り付けられる。その固定方法はいくつかあるがここではベーシックなタイプのケースを取り付ける

ZEGA Pro パニアケース31L
20年以上世界中で愛されるアルミ製のパニアケース。厚さ1.5mmの材を使い強固な構造　　　　　¥58,674

ケース下側にあるフックをステー下側のパイプに引っ掛けてから、ケース上側をステーに密着させる。この時、ケースの固定プレートは写真のように横倒しにしておく **01**

02 固定用プレートをベースにある溝に合うよう縦向きにし、ケース内のダイヤルを締めれば固定完了だ

Special thanks

ツアラテック製品の日本代理店

取材にご協力いただいたのは、アドベンチャーバイクを中心とした各種アイテムが世界で高い評価を得ているツアラテックの日本代理店、ツアラテックジャパンだ。同社は神奈川県相模原市にショールームを持ち、製品を直接見たり相談することも可能。また同社ではオフロード初級者講習会や各種コンテストを含んだイベントなども開催している。最新情報はツアラテックジャパンのウェブサイトやフェイスブックをチェックしてほしい。

高橋昌之 氏

ツアラテックジャパンショールームの店長を務める。ライダーとしての経験豊富で、それを活かした的確なアドバイスをしてくれる

ツアラテックジャパン（ショールーム）
神奈川県相模原市緑区中野988
Tel. 042-850-4790　URL https://touratechjapan.com
営業時間 10:00〜19:00 店舗営業日 土・日・祝日

ADV150
チューニング アドバイス

機能向上用のカスタムパーツも数あるADV150。しかし闇雲に使ったのでは性能低下を招きかねない。そこでスクーターチューニングのスペシャリストに、効果的なチューニング手法を伺った。

写真＝佐久間則夫／KN企画　**Photographed by Norio Sakuma**

KN企画
高畠知也氏

スクーターに関し豊富な知識を持ち、各種雑誌にもたびたび登場。広報部長として日々各地を飛び回る

ADV150はどんなバイク？

効果的なチューニングを目指すなら、まずすべきことはベース車の分析。ということで高畠氏にADV150に関して分析してもらうと、非常に完成度の高いモデルとのこと。スクーターチューニングは駆動系が大きな要素となるが、純正のセッティングはよくできていて、不満を感じる部分は少ないそう。ただ設計的に余裕があまりなく、最高速アップに

効くドライブプーリーの大径化は、それを収めるケースとの余裕が少ないため不可能なのだ。とはいえ駆動系は自分の体重と走らせ方によりマッチさせることでチューニング効果を体感することは可能。また足周りをグレードアップすることは、あらゆるユーザーにとって高い満足度が得られるので、おすすめのメニューと言えるそうだ。

ウエイトローラー

0.5g単位で重さが豊富に設定されているウエイトローラー。そもそも何を司っているかと言えば、エンジン回転数に対する変速時期で、ギア付き車両で何回転になったらギアを変えるかを決めていると思えばいい。

基本的に重ければより低回転、つまりはすぐ変速する（ギアを上げる）ようになり、軽ければ高回転になるまで変速しないようになる。最適な重さはエンジン特性によって変わる。例えば8,000回転で最もパワーが出るのに10,000回転や7,000回転で変速するようでは美味しい回転を使えず効率が悪い。ただこれは性能だけを考えた場合のこと。走らせ方が個人で違うので、どんどんギアを上げ低回転でゆったり走りたいなら、敢えて性能的適正値より重くするのも当然ありで、体重でも変化してくる。キットでの設定値はメーカーが煮詰めたものだが、その前後の重さを用意し試すのがおすすめだ。

KN企画が代理店を務める、KOSOのウエイトローラー。0.5g単位で調整できるので好みのセッティングを探そう

複数の直線部を持つ形状が特徴のDR.PULLEY製ウエイトローラー。車種ごとに違った変速特性が得られるそうだが、ADV150では未テストとのこと。変化を求めるならチャレンジしてみては？

ファイナルギア

チェーン駆動車におけるスプロケット的アイテムで、ハイギアタイプを選べばプーリーでは望めない最高速アップが実現できる一方、ローギアタイプを選べば鋭いダッシュが期待できる。ただエンジン出力そのままであまりハイギアにしても、それを活かせないので注意。

NCYの軽量ファイナルギアキットは、ノーマルよりローギアな4タイプとハイギアな2タイプ、計6タイプが設定される。取り付けには圧入作業が必要だ

クラッチ

スクーターにおけるクラッチは、エンジン出力を断続するという働きだけでなく、発進加速の特性を変化させる働きがある。

一般に重いほどアクセルを開けてすぐの回転数が低い状態でクラッチミートし走り出すようになるので、発進加速は穏やかになる。クラッチミートのタイミングはクラッチスプリングによっても変わり、それを強化するとより高回転でクラッチミートするようになるため、両者のバランスでクラッチの性格は変わってくる。またクラッチアウターは重いとフライホイール効果によりレスポンスは悪くなるが、回転が上がってから伸びやすくなる。クラッチとセットで換えると効果がより期待できる。

KOSOのクラッチアウターと強化クラッチ。PCX用流用ではなくADV150に最適化された専用設計なのでトータルバランスもバッチリ

駆動系キット

駆動系は多くの部品がそれぞれ役割をある程度重複しながら動作しているため、セッティングはなかなか大変。だが複数パーツを組み合わせたキットなら、セッティングに悩むことなく、乗りやすい上にトータルでの性能アップが期待できるのでおすすめだ。

プーリー、ドライブフェイス、ランプブレート、センタースプリング、クラッチスプリング等が含まれるKOSOのパワーアップキット。駆動系をバランスよくセットアップできる

軽量ファン

ADVはクランクシャフトにクーリングファンを取り付け、ラジエターに空気を流すことで冷却している。そのクーリングファンを軽量化することで、エンジンのロスを低減させるのが軽量ファンだ。劇的な効果は期待できないが、こういった積み重ねが性能アップにつながる。

ファンガイドとのセットとすることで冷却性能を落とさず軽量化を果たしたKOSOのキット。レースシーンで培われたデータで作られたアイテム

リアサスペンション

アジア圏で作られた車両は重積載に備えリアショックが固い例が見られるが、ADVはその点も優秀。とは言えコストの制約もある。高性能ショックに交換すると、走行性能はもちろん、乗り心地もよりグレードアップできるので、多くの人におすすめできるメニューだ。

優れた内部構造を持ち、全長、減衰力、スプリングプリロードが細かく調整でき多くのシチュエーションに対応できる RCB の VD シリーズリアショック。性能は当然としてドレスアップ効果も高い

SPECIAL *THANKS*

豊富なアイテムを直接見て選べる直営店

取材にご協力いただいた KN 企画横浜支店は、スクーター用を中心とした豊富なカスタムパーツを展示販売している。販売スタッフはカスタム知識が豊富で、多数のパーツをどう選んだらいいか、アドバイスを受けられるのも、同店ならではの特徴だ。ヘビーチューンされたレース車両も展示され、カスタム派なら訪れることをおすすめする。

KN 企画 横浜支店
神奈川県横浜市都筑区北山田 5-1-54　　Tel：048-593-9402
URL：https://www.kn926.net
営業時間：10:00 ～ 20:00　定休日：日曜、第 1・3・5 土曜

読者 プレゼント

Made in JAPAN にこだわった高品質高性能な KOOD クロモリアクスルシャフトを生み出すコウワより、読者プレゼントを提供いただいた。希望する方は、右の募集要項に沿って応募してほしい。

KOOD のアクスルシャフトはノーマル比 40 倍の耐久性を持ち、一般にはあまり施工されない 3 層メッキ採用でサビにを寄せ付けず、長期に渡り乗り心地を維持

フロントアクスルシャフト　　　　1名
国産クロームモリブデン鋼を使い、生材から熱処理を加え、ひずみをプレス修正した後、再度熱を加えた素材を、車種専用に削り出し、センターレス研磨するなどして作られた非常に手間がかかった逸品

ピボットアクスルシャフト　　　　1名
ADV150、JF81型PCX125対応。国産クロームモリブデン鋼を使ったシャフト。しなやかさと粘り、衝撃吸収性能と歪みを戻そうとする力をもたせることでノーマルとは異なる乗り心地を実現する

ADV150
CUSTOM PARTS SELECTION

ADV150
カスタム パーツセレクション

カスタムを始める前に必要なのがパーツ選び。ADV150には各メーカーからパーツが豊富に供給されているので、このコーナーを参考にし、自分の目的や好みに合ったパーツを選び、カスタムしていこう。

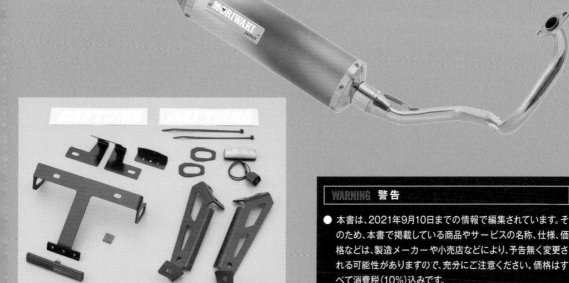

WARNING 警告

● 本書は、2021年9月10日までの情報で編集されています。そのため、本書で掲載している商品やサービスの名称、仕様、価格などは、製造メーカーや小売店などにより、予告無く変更される可能性がありますので、充分にご注意ください。価格はすべて消費税(10%)込みです。

Around Handle
ハンドル周り

ドレスアップや機能アップを図れるパーツを紹介。相性もあるので注意して選びたい。

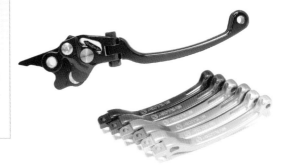

**STF
ブレーキレバー**

精度が高くガタが少ないため指の力が無駄なく伝えられる。色はブルー、レッド、ブラック、ガンメタ、グリーン、ゴールドの6種。右用左用あり
アクティブ　¥11,000

ビレットレバー（可倒式）R.レバー
優れた操作性を求めて作られたアルミ削り出しの右用ブレーキレバー。可倒式レバー採用により転倒時にレバーが折損や破損する可能性を低減する。レバーはガンメタル、アジャスターはレッドのアルマイト処理がされる　　　　　　　　　スペシャルパーツ武川　¥14,080

ビレットレバー（可倒式）L.レバー
握りやすい形状を実現するためアルミ材を精巧に削り出した左ブレーキレバー。表面をカラーアルマイトすることでドレスアップ効果を高めている。6段階での位置調整が可能　　　　　　　　　　　　　　スペシャルパーツ武川　¥14,080

アジャスタブルブレーキレバー
6段階の位置調整機能が付いたBIKERSのブレーキレバー。レバー部に2つの突起があり、指のかかりを向上させているのもポイント。アルミ製で色はシルバー、グレー、チタン、ブラック、グリーン、ブルー、パープル等全11種。右用、左用あり　　　　プロト　¥7,040

プレミアムアジャスタブルブレーキレバー
フラットな形状を採用したブレーキレバー。カラーは11種と豊富に用意される。右用と左用がある　　　　プロト　¥10,780

アジャスタブルレバー左右セット
同社製アジャスタブルレバーのスタンダードモデル。エアロダイナミクス設計で6段階の位置調整が可能　　エンデュランス　¥11,880

アジャスタブルレバー左右セット スライド可倒式
レバーの長さを35mmの範囲で調整可能な可倒式レバー。レバー位置も6段階でチョイスできる　　エンデュランス　¥17,380

アジャスタブルレバー左右セット 可倒式
もしもの転倒時にダメージを軽減する可倒式構造を持つレバー。イメージに合わせやすいよう5色を用意　　エンデュランス　¥14,630

アジャスタブルレバー左右セット HG
2トーンカラーがオリジナリティを生むブレーキレバー。位置調整機能付き。色は青、赤、金、銀、緑　　エンデュランス　¥14,630

アジャスタブルレバー左右セット マット
マット仕上げが特徴のアルミ製レバー。6段階位置調整機能、ベアリング軸採用で機能もバッチリ。全6色　　エンデュランス　¥12,210

右側レバー
純正部品と同仕様の補修用レバー。純正品番53175-KYT-922に適合する　　キタコ　¥1,870

左側レバー
転倒等で欠損した際に重宝する補修用レバー。純正品番53178-K0W-N01に適合　　キタコ　¥2,090

バーエンド（ノーマルハンドルパイプ用）

ノーマルハンドルに適合した削り出しのバーエンド。素材はアルミ製とステンレス製がある。アルミ製のものはシルバー、ブラック、レッドの3カラーが設定される　　　　スペシャルパーツ武川　¥6,380

バーウエイト

純正ハンドルにマッチするBIKERSブランドのバーウエイト。アルミ製でメインのブラックと組み合わせるカラーはシルバー、グレー、チタン、ブラック、グリーン、ブルー、パープル、レッド、オレンジ、オレンジゴールド、ライトゴールドがある　　　　プロト　¥9,240

バーエンドセット

アルミ材を削り出して作られたバーエンド。切削加工とアルマイト加工を交互に2度行うことで、2色のカラーアルマイトを実現。色はブルー、レッド、ゴールド、シルバーの4タイプ　　　　エンデュランス　¥4,180

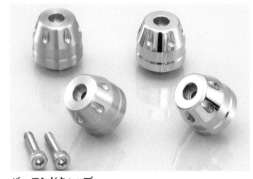

バーエンドキャップ

ステンレスで作られたバーエンドで、素地、ポリッシュ、ダイヤモンドライクカーボン仕上げの3種ある　キタコ　¥3,960〜6,160

ユニオンバーエンドキャップ

ステンレスの本体にアルミのアウターを組み合わせたエンドキャップ。アウターの色は金、赤、黒、メッキあり　キタコ　¥4,620/4,950

バーエンド A
こだわったデザインと豊富なカラーラインナップ（青、赤、金、銀、黒、紫）でハンドル周りにワンポイントを生む　エンデュランス　¥2,420

汎用 マスターシリンダーキャップ A
ハンドル周りに彩りを加えるマスターシリンダーキャップ。レッド、ブルー、ゴールド、シルバーの4種　エンデュランス　¥2,310

マスターシリンダーキャップ
表面がカーブした、ありそうでなかったマスターシリンダーキャップ。中心部の色は11種類から選べる　プロト　¥5,060

マスターシリンダーカバーセット
独特なシルバーカラーがハンドル周りを彩るマスターシリンダーカバー。左右セット　プロト　¥7,260

マスターシリンダーキャップ タイプ5
ドレスアップを重視した2トーンカラーのマスターシリンダーキャップ。KITACOのロゴが刻まれた部分の色は、レッド、シルバーの他に、ゴールドとガンメタリックも選べる。左右共通、1個売り　キタコ　¥4,400

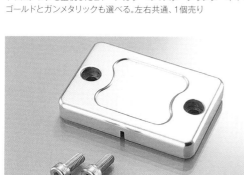

アルミマスターシリンダーキャップ
アルミ削り出しシルバーアルマイト仕上げのマスターシリンダーキャップ。プレーンなデザインが特徴　キタコ　¥4,180

マスターシリンダーキャップ タイプ1
穴を持つX型プレートは雲台としても使える。色は銀/赤、銀/金、黒/赤、黒/金の4タイプ　キタコ　¥4,620

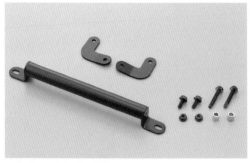

マスターシリンダーキャップ タイプ3

様々なパーツが設置できる、角度調整可能なプレート付きマスターシリンダーキャップ。銀と黒の2色あり　　　　キタコ　¥4,950

マルチマウントバー FE

マスターシリンダークランプ取り付け穴に取り付ける、ハンドルクランプ式アイテムが取り付け可能なマウント　　デイトナ　¥3,960

ハンドルマウントステー

スクリーンと共締め固定するマウントステー。ハンドルクランプタイプの各種ホルダーが使用可能
キジマ　¥10,450

ハンドルガード

ハンドルを保護しつつハンドルクランプタイプのアクセサリーを取り付けられるハンドルガード。アルミ製で、直径22.2mmのハンドルガードはショットブラスト後にアルマイト処理される。色はシルバーとブラックの2種　　スペシャルパーツ武川　¥8,250

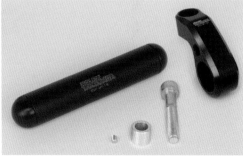

マルチステーブラケットキット

φ22.2mmのパイプを使用しているので、モバイルホルダー等ハンドルクランプタイプのアクセサリーが取り付けられるアイテム。アルミ製で写真のブラックのほか、シルバーもラインナップする　　スペシャルパーツ武川　¥6,050

マルチバーパスバー

ハンドルアッパーホルダーに装着する、パイプ径22.2mmの多目的バー。ハンドルクランプ式のモバイルホルダー、ドリンクホルダー等が取り付けできる。スチール製ブラック仕上げ。耐荷重500g以下　　　　　　　キタコ　¥4,400

マルチバーホルダー

ハンドルクランプに共締めして取り付ける汎用マルチバー。バーは直径22.2mm、長さ180mmに設定。ハンドル取り付けタイプのアクセサリーが複数装着できる　　　　　　　　　　　　　　　　　　　エンデュランス　¥3,850

GD ハンドガードプロテクターセット

軽量でありながら充分な頑丈さを持つプロテクター。左右セットでブラックとホワイトの2色あり　　ツアラテックジャパン　¥16,093

ナックルバイザー M4-ADV

手元をスポーティに保護できる耐衝撃アクリル樹脂製のナックルバイザー。幅230mm、高さ140mm　　旭精器製作所　¥12,650

グリップヒーターセット HG115

暖かさを5段階に調整できる全周巻きタイプ。時間やバッテリー電圧で強さを変える等、便利な機能満載　　エンデュランス　¥11,440

グリップヒーター SP

5段階で暖かさの調整が可能で、その状態がLEDランプで簡単にチェックできるグリップヒーター　　　エンデュランス　¥11,880

デジタルフューエルマルチメーター DG-H15

ノーマルの燃料センサーを使用せず、インジェクターの噴射パルスから残量を10cc単位で表示するガソリン残量計。表示は視認性の良い赤色LEDセグメントを採用する

プロテック　¥14,850

ラジカルミラー

装着するだけで車両のイメージをガラッと変えられる革新的ミラー。鏡面が大きく後方視認性も高い。カラーは黒／金、黒／銀、黒／赤、黒／青に加えメッキ／赤がある

エンデュランス　¥9,900

ラジカルミラー サークル

直径94mmの円形デザインを採用した2トーンカラーのミラー。アジャスター機能が付いているので様々な角度で取り付けられる。ブラック／メッキとブラック／レッドの2タイプから選ぼう

エンデュランス　¥9,900

サークルミラー

ファイアーパターンを持つ丸形ミラーに流線型ロッドを組み合わせた個性あふれるミラー。左右セット

エンデュランス　¥7,260

ランツァミラー

スタイリッシュな造形と2トーンカラーでドレスアップに最適なミラー。差し色は赤、白、黄、緑、青の5種。1本売り

キタコ　¥5,280

KOSOバックミラー [SOARING ミラー]

デザインと視認性を両立したKOSO製のバックミラー。左右セットで変換用アダプターが付属し、多くの車種に対応する。レンズカラーは
クリアとブルーの2種類がある　　　　　　　　　　　　　　　　　　　KN企画　¥8,960

NK-1ミラー

ヘッドの形状やステム長さが好みで選べる。ヘッド素材は平織り、綾
織りとGシルバーの3種　マジカルレーシング　¥44,000/46,200

スーパースロットルパイプ

グリップ交換が難しいノーマルと違い社外グリップに対応。約20%
のハイスロットルにもなる　　　　　　　　キタコ　¥660

**マスターシリンダー
クランプ**

シルバー、グレー、チタ
ン、ブラック、グリーン、ブ
ルー、パープル、レッド、
オレンジ、オレンジゴー
ルド、ライトゴールドの計
11色が揃う

プロト　¥1,430

汎用マスターシリンダーホルダーキット HG

切削加工とアルマイト加工を繰り返すことで2トーンカラーとした
ホルダーキット。青、赤、金、銀の各色あり　エンデュランス　¥3,520

ハンドルアッパーホルダー

削り出しならではのデザインが目を引くアイテム。レッド、ブラック、
シルバー、ゴールドの各色あり　　　　　キタコ　¥6,380

ハンドルバー
クランプ

タイで人気のメーカー、BIKERS製のアイテムでアルミニウム製。全11色をラインナップする

プロト ¥12,540

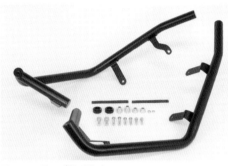

フロアステップサイドバー

φ25.4mmのスチールパイプを使用した、車体を加工することなく装着可能なサイドバー。軽度な転倒時、カウルのダメージを軽減してくれる。スチール製でブラック塗装仕上げ

スペシャルパーツ武川 ¥19,580

カウルサイドバー

ADVのアドベンチャースタイルをさらにアップグレードさせるアイテム。ステップのラインに沿わせたデザインで、カウル等への加工なしに取り付けられる

エンデュランス ¥14,300

サイドファッションバー

ステップボード部に追加することで、ADVにハードなイメージを追加できるアイテム。H2Cのアイテムで、スチール製ブラック仕上げとなる。取り付けには同社製のフロアパネルが必要

プロト ¥18,040

フロアパネル

ステップボードをドレスアップしてくれるH2Cのパーツ。ブラック部分はラバー製、シルバー部分はアルミ製。同社製サイドファッション
バーは、この部品の取り付けが必須となる　　　　　　　　　　　　　　　　　　　　　　　　　プロト　¥15,400

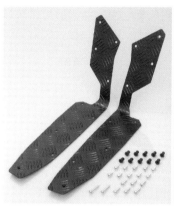

**ステップボード
ブラックアルマイト**

さり気なくフットスペースをドレス
アップできるブラック仕上げのアル
ミ製ステップボード。左右セット
　　　　　　キタコ　¥22,000

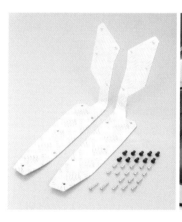

**ステップボード
シルバーアルマイト**

スクーターカスタムの定番アイテム
の1つ、ステップボード。アルミ製シ
ルバーアルマイト仕上げ
　　　　　　キタコ　¥20,900

**ウインド
スクリーン**

ノーマルと同形状な
がらダークスモークと
し、フロントフェイス
のイメージを一新す
るH2Cのスクリーン
　　プロト　¥7,480

ステップボード

車体を加工することなく付けられるステンレス製ボード。3M製滑り
止めテープ使用で雨の日も滑りにくい　　エンデュランス　¥8,360

ロングスクリーン

ノーマル比約90mm
ロングかつハンドル
に干渉しないワイドタ
イプとして高い防風
効果を実現。本体は
3mm厚のアクリル製
アルキャンハンズ
¥12,650

ロングスクリーン
ADV-13

正面からの強風をブ
ロックするクリアな
視界のスクリーン。高
さはおよそ730mm、
丈夫な3mm厚ポリ
カーボネイト樹脂製
旭精器製作所
¥21,780

ロングウインド
スクリーン

よりアドベンチャース
タイルにできるロング
タイプスクリーン。ハ
イポジション時、スク
リーン上端高は純正
よりおよそ120mm
高くなる。クリアとス
モークの2タイプ
エンデュランス
¥8,580

バイザースクリーン

カーボン製バイザーと組み合わされた40mmロングのスクリーン。スクリーンはクリアとスーパーコート、バイザーは平織りか綾織りの
カーボンが選べる。純正の可動機構に対応している
マジカルレーシング　¥27,500～42,900

フェンダーレスKIT

テール周りをスッキリさせられるアイテム。スチール製ブラック仕上げで、ボルトオン装着が可能。ノーマルライセンスランプが使用可能
で、2021年度ライセンスプレート新基準適合品
キタコ　¥13,200

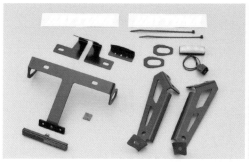

フェンダーレスキット（LEDライセンスランプ付き）
純正ウインカーに対応したフェンダーレスキットで、LEDライセンスランプ、スリムリフレクターが付属する。メインステーはスチール製ブラック塗装仕上げ、ウインカーステーはアルミ製ブラックアルマイト仕上げ　　　　デイトナ　¥14,300

フェンダーレスキット
信頼性のある純正ウインカー、ライセンスライト、リフレクターをそのまま使用するフェンダーレスキット。加工無しでのボルトオン設計ながらリーズナブルな価格なのも嬉しい　　　　エンデュランス　¥7,920

フェンダーレスkit
軽量化と耐久性を考慮したアルミ製キット。高輝度LEDライセンスランプと接続ハーネス付属。純正ウインカー対応　ハリケーン　¥9,460

フェンダーレスKit
装着によってよりタイヤが露出されワイルドな仕上がりに。素材は耐久性・耐腐食性に優れたステンレス　　ウイルズウィン　¥9,350

フェンダーレスキット
FRP製とカーボン製（平織りと綾織り）が選べ、テール周りをスタイリッシュにするキット　マジカルレーシング　¥10,450～17,600

ヘッドライトガード
アドベンチャースタイルを大きく高めてくれるH2C製のアイテム。スチール製　　　　プロト　¥16,280

ADV150グラフィックキット ロスマンズ コンプリート

往年のホンダレーシングバイクに採用され人気のロスマンズカラーを再現できるグラフィックキット。車両1台分のコンプリートセットの他、サイドカバー、フロントサイド、フロントトップ、フロントフェンダー、リアフェンダーの各部分での購入も可能　　　MDF　¥25,080

ADV150グラフィックキット トリコロール コンプリート

ホンダスポーツバイクの定番カラーといえるトリコロールデザインを採用したグラフィックキット。追加料金がかかるがカラーチェンジも可能。写真の車両一台分のセットの他、部分ごとでの購入もできる　　　MDF　¥25,080

スマートキーカバー

スタンダード状態では味気ないメインスイッチ周りに視覚的ポイントを付け加えてくれるアルミ製のカバー。乗車時必ず見るポイントなのでカスタム満足度も高い。ゴールド、シルバー、ブルー、レッドの4色展開　　　エンデュランス　¥3,080

フロントフェンダー

FRP製、平織りカーボン製、綾織りカーボン製が選べるオリジナル形状のフェンダー　　　マジカルレーシング　¥16,500〜26,400

リアフェンダー

フロント用と同じ3タイプが揃う、ノーマル比80mmロングのリアフェンダー　　　マジカルレーシング　¥16,500〜26,400

Loading
積載関係

日常使いやツーリングでの使い勝手を向上する、積載能力をアップするアイテムだ。

リアキャリア

φ22.2mmのメインパイプはタンデムシート部と同じ高さで、シートバックも安定して取り付けられる。同社製ヘルメットホルダーも取付可能

エンデュランス
¥14,300

リアキャリア ADV150ブラック

車体のアドベンチャーなイメージを崩さないデザインとしたリアキャリア。タフな使用に応える積載面積と強度を両立させている。アルミダイキャスト製で最大積載量は5kg

アルキャンハンズ　¥17,600

スライドキャリア

ボックス等を搭載する際に便利な大型キャリア。タンデムシート部分にキャリアをレイアウトすることで強度と安定性を向上しつつ、キャリアを後方へスライドできるようにすることでシート開閉も可能にしている。最大積載量5kg

キジマ　¥30,800

リアキャリア

ツーリングを想定し少し大きく実用的なデザインとしたリアキャリア。メインパイプには直径22.2mmサイズを使い、グリップを配置することで移動やセンタースタンド掛け、固定部として使えるようにしている。最大積載量5kg

キジマ　¥19,800

リアキャリア

タイ A.P.Honda のアクセサリーブランド、H2C のリアキャリア。グリップ付きでタンデムの快適性もアップする。スチール製ブラック仕上げで、最大積載量は5kgとなる

プロト　¥11,220

リアキャリア＋リアボックスセット30L ブラック

同社製のリアキャリアに容量30Lのツーリングリアボックス、専用取り付けベースが付属したセット。リアボックスのサイズは長さ345mm、幅415mm、高さ280mm

エンデュランス　¥24,970

リアキャリア＋リアボックスセット50L ブラック

最大積載量8kgのリアキャリアに、長さ370mm、幅555mm、高さ280mm、容量50Lのリアボックスを組み合わせたセット。リアボックス用取り付けベースが付属

エンデュランス　¥27,940

パニアステー

左側にはツアラテックの各種パニアやソフトパニアが、右側にはツールボックスが取り付けできるステー。オプションでトップケースステー（¥19,052）も取付可能

ツアラテックジャパン　¥46,200

マルチウイングキャリア
インチパイプを使用したスタイリッシュなキャリア。電着黒塗装仕
上げで純正グラブバーを外して装着する　　デイトナ　¥17,050

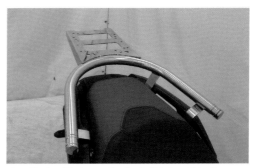

リアボックス用ベースブラケット付きタンデムバー
SHAD、COOCASE、GIVI などのリアボックスを装着するための
ベースが付属したタンデムバー　　ウイルズウィン　¥19,800

SHAD製リアボックス付きタンデムバー
容量29LのSHAD 製リアボックスとベースブラケット付きタンデ
ムバーのセット　　ウイルズウィン　¥26,400

COCASE製リアボックス付きタンデムバー
フルフェイスヘルメットが収納できる28L のリアボックスと取付ブ
ラケット付きのタンデムバーキット　　ウイルズウィン　¥25,300

ZEGA EVO TOP CASE 25L
クイックリリースハンドル付きで脱着容易なトップケース。ブラック
とシルバーの2色あり　　ツアラテックジャパン　¥67,999/69,999

ZEGA Evo アルミケース
新開発ロックシステムで片手で操作できるパニアケース。容量は
31L、38L、48Lの3種　　ツアラテックジャパン　¥72,523

サイドバッグエンデュランス クリック
超軽量ながら防水性を持つ革新的なソフトケース。直径 18mm の
パイプフレームに取り付け可能　　ツアラテックジャパン　¥23,023

ツールボックス
工具やカッパなどの収納に便利なアイテム。取り付けには同社製パ
ニアステーが必要　　ツアラテックジャパン　¥24,200

ロッドホルダー〈TYPE 5〉

ボルトオンで取り付けできるロッドホルダー。竿グリップの太さφ
30mmまで対応。本体全長150mm　　ハリケーン　¥7,480

汎用 M コンビニフック

マスターシリンダーホルダーの代わりに取り付けるタイプのコンビ
ニフック。上質な仕上げに注目　　エンデュランス　¥2,420

コンビニフックC

ハンドルホルダーに
共締めして取り付け
る、ちょっとした買い
物に便利なコンビニ
フック。青、赤、金、銀、
黒の5つの色を設定
する

エンデュランス
¥2,750

Around Seat
シート周り

ライディングの快適性を大きく
左右する、シート周辺パーツ。使
い方に合わせて選びたい。

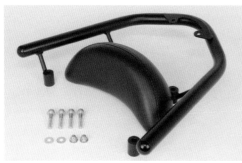

グラブバー

快適性とデザインにこだわったグラブバーで、パッセンジャーの姿勢維持をサポートすることで安全性も向上する。メインパイプにはφ
28.6mmの大径タイプを使用。バックレスト付属でブラック塗装仕上げ、クロムメッキ仕上げの2種　　スペシャルパーツ武川　¥21,780

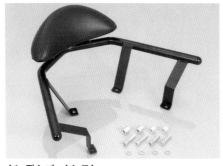

タンデムバックレスト

タンデム時も安心して走行できる、タンデムバー付きバックレスト。グラブバーは直径25.4mmのスチール製。バックレストパッドは前後
位置を微調整できる　　キタコ　¥22,000

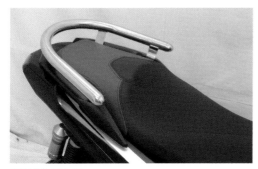

32φタンデムバー
車体との一体感を追求したタンデムバー。エンドは球形タイプと段付き形状の2タイプが選べる　ウイルズウィン　¥13,200

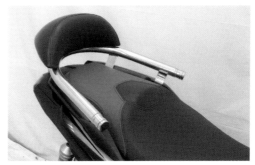

バックレスト付き 32φタンデムバー
直径32mmの極太タンデムバーにオリジナルバックレストをセット。バーのエンドは2タイプを設定する　ウイルズウィン　¥18,700

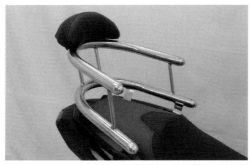

バックホールドタンデムバー
安心、安全にタンデム走行できるよう、繰り返しテストし開発したタンデムバー。バーエンド形状は2種ある　ウイルズウィン　¥24,200

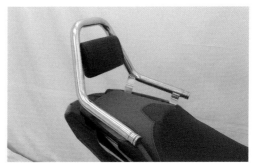

サポートタンデムバー
タンデムライダーの快適性アップのため、背もたれパッドを標準装備。耐久性の高いステンレス製　ウイルズウィン　¥22,000

クッションシートカバー（ダイヤモンドステッチ）
耐振動性とクッション性に優れた特殊スポンジを使用したシートカバー。取り付けも簡単　スペシャルパーツ武川　¥6,380

エアフローシートカバー
適度なグリップ力と通気性に優れた立体メッシュを採用したシートカバー。被せるだけの簡単装着　スペシャルパーツ武川　¥3,080

Exhaust System
マフラー

見た目に走行性能と、カスタムの効果が大きいマフラー。自分にピッタリの品を探していこう。

TT-Formula RS チタン
レイアウトにこだわり純正以上の地上高とバンク角を実現しつつ極低速でのスロットルレスポンスと最高速を改善。ステンエキパイにチタンサイレンサーを使用する　オーヴァーレーシングプロジェクツ　¥112,200

コーンオーバルマフラー

楕円サイレンサーに個性的なコーン形状エンドを装着したマフラー。政府認証品で、特殊構造を採用することで経年変化による音量増加を軽減しつつ歯切れの良い排気音を演出している

スペシャルパーツ武川 ¥41,800

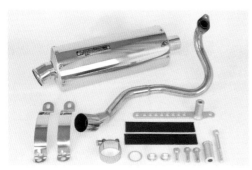

パワーサイレントオーバルマフラー

排気音量を抑えつつ排気効率を向上させる独自サイレンサー構造を採用。サイレンサー、エキゾーストパイプともにステンレス材を使い美しいバフ研磨で仕上げている。政府認証品

スペシャルパーツ武川 ¥40,700

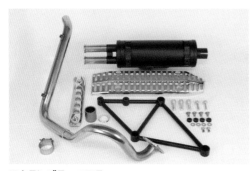

スクランブラーマフラー

スクランブラースタイルをモチーフに、ツインテールパイプのサイレンサー、クラシックスタイルのヒートガードを採用。独自技術によるサイレンサーは高い排気効率と癖のない音質を実現している

スペシャルパーツ武川 ¥54,780

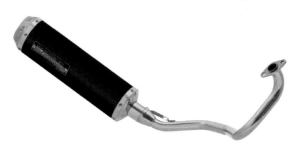

Full Exhaust ZERO BP-X

ADVのアクティブなスタイルを引き立てるため、ジェット戦闘機の排気口をイメージしたエンドピースを採用したマフラー。エキゾーストパイプはステンレス、サイレンサーはステンレスをブラックパール カイ仕上げとする

モリワキエンジニアリング ¥48,400

FullExhaust ZERO SUS
新デザインのサイレンサーを採用しルックス面を重視しつつ、スクーターに求められる性能、単気筒らしいダイレクト感ある迫力のサウンドにもこだわった一本。素材はステンレスを採用。安心の政府認証品　モリワキエンジニアリング　¥42,900

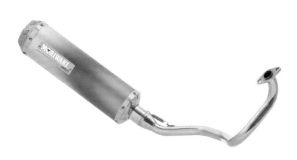

FullExhaust ZERO ANO
どの回転域、どの速度域でも扱いやすいフラットなパワー特性を実現したマフラーで、スクーターで重視されるアクセルの開け始めの加速特性にもこだわる。チタン製のサイレンサーはアノダイズドチタニウムカラーとする　モリワキエンジニアリング　¥48,400

GP-MAGNUM サイクロン EXPORT SPEC SC
シンプルな丸形デザイン。カバー素材はカーボン製。STD 重量から大幅な軽量化で軽快な走りを実現　ヨシムラジャパン　¥51,500

GP-MAGNUM サイクロン EXPORT SPEC SSF
シンプルな丸形マフラー。高回転域になるにつれ低音が効く。カバー素材はサテンフィニッシュ　ヨシムラジャパン　¥41,500

GP-MAGNUM サイクロン EXPORT SPEC STB
シンプルな丸形デザイン。中高回転域でパワーアップ。カバー素材は見た目と軽量化で魅力的なチタンブルー　ヨシムラジャパン　¥49,500

R-77S サイクロンカーボンエンド EXPORT SPEC SMC
ステンレスの耐久性とカーボン調の質感を併せ持つメタルマジックカバー。カーボンエンドとの相性も抜群 ヨシムラジャパン　¥58,500

R-77S サイクロンカーボンエンド EXPORT SPEC STBC
低中速域の力強い加速と高速域でのパワーとトルクを上乗せ。スタイリッシュなチタンブルーカバー　　　ヨシムラジャパン　¥60,500

リアルスペック コミューター フルエキゾーストマフラー
超軽量で全域でパワーアップ。チタンドラッグブルーのサイレンサーにはドライカーボンエンドをセット　　アールズ・ギア　¥73,700

リアルスペック コミューター フルエキゾーストマフラー
ステンレス製メッキ仕上げエキゾーストパイプにポリッシュチタンサイレンサーをセットした高性能マフラーアールズ・ギア　¥68,200

SUS フルエキ TYPE-SA
ステンレス製エキパイに三角断面のチタンサイレンサーを組み合わせた個性あふれるマフラー　　　ヤマモトレーシング　¥77,000

SUS フルエキ TYPE-SA ゴールド
陽極酸化処理により金色に輝くサイレンサーが目を引く一本。安心の政府認証品で重さは2.2kg　　　ヤマモトレーシング　¥83,600

ロイヤルマフラー ポッパータイプ
カールしたエンドが上品さを感じさせるステンレス製のマフラー。バッフル装着時の排気音量は約89db　　ウイルズウィン　¥30,800

ロイヤルマフラー ユーロタイプ
テールエンドにテーパーコーンを採用。サイレンサーボディはカーボン、チタン、ステンレスの3種　　ウイルズウィン　¥34,760/43,560

ロイヤルマフラー バズーカータイプ
重低音サウンドが堪能できるシンプルデザインのマフラー。素材は耐久性の高いステンレスを採用する　　　ウイルズウィン　¥30,800

ロイヤルマフラー スポーツタイプ

消音用パーツ装備で2種類の音量が楽しめる。サイレンサーはステンレス、カーボン、チタンの3種 ウイルズウィン ¥30,800/36,800

サイレンサーヒートガード

ノーマルヒートガードと交換するアルミ製のドレスアップパーツ。ブラックアルマイトとシルバーアルマイトの2タイプ キタコ ¥3,080

**エキゾースト
マフラー
ガスケット**

マフラー交換時の必需品。マフラーガスケットは一度使うと潰れてしまい再使用不可なので、これを使い性能を充分発揮させよう

キタコ ¥275

Footwork
足周り

ホイールやサスペンション周りを対象とした、機能パーツやドレスアップパーツを見ていこう。

ローダウンキット

純正に比べてシート高を約30mm下げられる、フロントスプリング、リアショック、専用サイドスタンド等のキット。操縦安定性を維持しつつ足つき性の向上、ストリートスタイルへの変化を実現する。リアショックの色は黒/赤、黒/金、赤/黒 エンデュランス ¥19,800

RCB395-400mm リアショック VDシリーズ

全長調整の他、伸側42段、圧側34段の減衰力およびスプリングプリロード調整が可能。調整用スプリング付属 KN企画 ¥32,780

**TG302
BLACK
SERIES**

30段階の伸び側減衰力調整、スプリングプリロード調整機能を持つYSS製リアショック

YSS JAPAN
¥66,000

FORK UPGRADE KIT
フロントフォークの性能を向上させる、プリロードアジャスター、スプリング、PDバルブのキット　　　　　YSS JAPAN　¥37,400

HYPERPRO フロントスプリング
沈み込んだ先で粘るコンスタントライジングレートを採用。約15mmローダウンタイプもあり　　　　アクティブ　¥19,800

HYPERPRO リアスプリング
乗り心地が向上する不等ピッチを採用。ノーマル長と約15mmローダウンの2タイプから選べる　　　　アクティブ　¥20,000

HYPERPRO コンビキット
前後スプリングのお得なキット。こちらもノーマルタイプとローダウンタイプがラインナップする　　　　アクティブ　¥38,500

汎用 アクスルプロテクターセット
転倒した際にアクスルシャフトの頭やナットが削れ、取り外しができなくなる事態を事前に防ぐプロテクター。ベース部の色はブルー、レッド、ゴールド、シルバーから選べ、ドレスアップにも使える　　　　エンデュランス　¥5,280

汎用 プロテクターセット (M6)
フロントフェンダー固定部等、M6ネジ部に装着できる汎用のプロテクター。2カラーアルマイト仕上げなので、ドレスアップに関しても大きな効果を発揮してくれる。シルバー、ゴールド、レッド、ブルーの4色からチョイスしよう　　　　エンデュランス　¥3,850

汎用プロテクターセット

M6ネジ部ならどこでも取り付けられる。部品の保護とドレスアップ
に。カラーは金、銀、黒、青、赤の5色　　　エンデュランス　¥3,850

フロントホイールブッシュ

11色から選べる、フロントホイールとフロントフォークの間に使う
ブッシュセット。BIKERS製　　　　　　　プロト　¥7,260

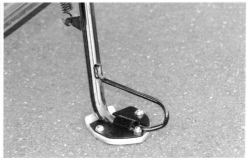

サイドスタンドワイドプレート

未舗装地などでサイドスタンドが沈みにくくなるワイドプレート。装着することで接地面積がおよそ2倍になるため、安定した駐車ができ
るようになる。シルバー部分がアルミ製、ブラック部分がスチール製となっている　　　　　　　　　　　　　　　　キジマ　¥8,800

サイドスタンドフラットフット

サイドスタンド先端に取り付けるパーツで、駐車時により車体を安定させると共にドレスアップ効果が得られる。ブラックのベースと組み
合わされるアッパー部分は、11種類という圧倒的なカラーラインナップを誇る　　　　　　　　　　　　　　　プロト　¥6,490

サイドスタンドボード

アルミ削り出しで作られたアイテムで、サイドスタンドに装着することでドレスアップとともに駐車時の安定性をアップする。黒いベース
に合わせる上部パーツの色は写真の4種が設定されている　　　　　　　　　　　　　　エンデュランス　¥6,380

KOOD フロントアクスルシャフト H-FN-025
強度と粘りを兼ね備えたクロモリ製アクスルシャフト。さらに安全・正確なハンドリングに寄与する　　　コウワ　¥19,800

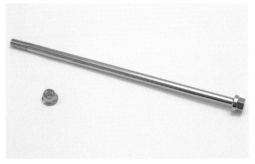

KOOD ピボットアクスルシャフト H-PN-014B
日本産クロームモリブデン鋼を生材から熱処理を加え、プレスで歪みを修正し作られたこだわりのシャフト　　コウワ　¥23,100

STR8ストレートエアーバルブキャップ [ROCKET]
ロケット形状の個性的なSTR8製エアーバブルキャップ。ブラックカラーで2個1セット　　　KN企画　¥495

STR8ストレートエアーバルブ
STR8製のバルブで先端はアルミ、ホイール側はゴムを使用。カラーはブルーとシルバー。1個セット　　　KN企画　¥495

Breake
ブレーキ

ブレーキの性能を高めたり、性能を維持するためのパーツ群だ。慎重に選んでいこう。

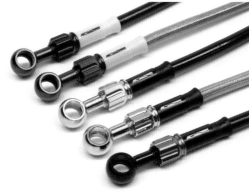

AC-PERFORMACE LINE ステンメッシュブレーキホース
ブレーキ入力をダイレクトに伝えるホース。ホースは2色、フィッティングはアルミ製で全3色を用意
アクティブ
¥12,100/8,470

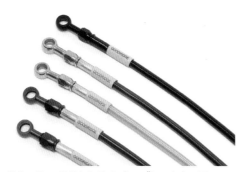

build a line ステンレスメッシュブレーキホース
ダイレクトなタッチが得られるイギリス製ブレーキホース。フィッティングはアルミとステンレス　　アクティブ　¥12,500〜25,410

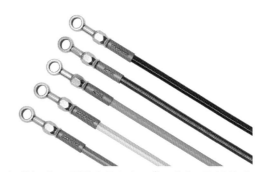

build a line ステンレスメッシュブレーキホース（カラー）
鮮やかな全5色のホースカラーが選べるブレーキホース。フィッティングはステンレス製　　　アクティブ　¥16,280/25,410

SBSブレーキパッド 859シリーズ HF

扱いやすさと制動力、そして耐久性を両立させたフロント用ブレーキパッド　　　　　　　　　　　　　　　　キタコ　¥3,960

SBS ブレーキパッド 859シリーズSI

シンターメタル材を使ったフロント用ブレーキパッドで、ノーマルより効きをアップしたいならこれ　　　　　　キタコ　¥5,280

タイホンダ純正フロントブレーキパッド

純正部品番号 06455-K84-902および 06455-K84-901に適合する、タイホンダ純正フロント用ブレーキパッド　　KN企画　¥2,970

SBSブレーキパッド E193シリーズ

世界的に定評あるSBS製のリア用ブレーキパッド。Eシリーズは材料にセラミック材を使用する　　　　　　　キタコ　¥3,630

タイホンダ純正リアブレーキパッド

タイホンダ純正品(対応品番 06435-K97-N01)のリア用ブレーキパッド。摩耗時の交換用に　　　　　　　　KN企画　¥3,960

タイホンダ純正フロントブレーキディスク

パッドに比べて長寿命だが消耗品であるブレーキディスク。その寿命時に使いたいタイホンダ純正品　　　　KN企画　¥8,690

NCY ステンレスリアディスクローター 220mm

ノーマルと同サイズなのでボルトオンで取り付けられるNCY製リア用ディスク。耐久性があり補修用にも最適　　KN企画　¥8,690

キャリパーガード

転倒時にキャリパー破損を防ぐアイテム。アルミ削り出しの本体に強化クリアスライダーを装備する　　　　ウイルズウィン　¥8,800

FRキャリパーガードキット

転倒時、ブレーキキャリパーが傷付くのを防止するアイテム。美しいアルミ削り出しアルマイト仕上げの製品なので、ドレスアップパーツとしてもおすすめ。プロテクター部は樹脂製となる。写真の赤の他、青、金、銀の3色がある　　　　　　　　　　　エンデュランス　¥9,020

フロントキャリパーガード

フロントキャリパーを保護するとともに、ドレスアップ効果も得られるH2Cの製品。アルミ製　　　　　プロト　¥8,800

リアキャリパーガード

転倒時などにリアキャリパーの破損の可能性を下げるアルミ製のガード。H2C製　　　　　プロト　¥8,800

Around Engine
エンジン周り

エンジン本体やエアクリーナー等、エンジン周辺に用いるアイテムを紹介していこう。

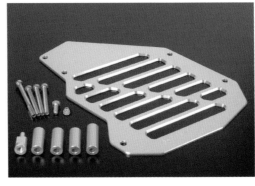

**ラジエター
コアガード**

アルミ削り出しアルマイト仕上げで作られたドレスアップに最適なガード。シルバーとブラックの2色
スペシャルパーツ武川
¥10,560

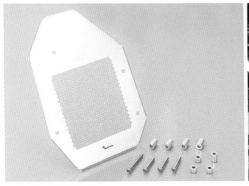

ラジエタースクリーン

エンジン右サイドをドレスアップするステンレス製のラジエターカバー。ボルトオンで簡単取り付けできるので、カスタム初心者にもおすすめのアイテム　　　　　　　　　　　　　　　キタコ　¥16,500

ラジエター カバー（メッキ）
一切の加工が不要で取り付けできるラジエターカバー。リーズナブルな価格で高級感を演出できるので、カスタム初心者にもぴったり。
付属のラジエターホースガードを取り付けることで、純正同様にマフラーからの熱を遮断する　　　　　エンデュランス　¥6,050

ラジエターカバー
ADVのロゴ入りでカスタム心をくすぐるH2C製ラジエターカバー。
素材はステンレスを使用する　　　　プロト　¥8,140

KOSO スーパーライトクーリングファン
冷却効率を極力落とさず馬力ロスを低減させる、軽量強化ファンと
ファンガイドのセット。色は黄、青、赤の3種　　KN企画　¥2,739

DNA モトフィルター
ノーマルと交換するだけで吸入効率を上げパワーアップが望める
フィルター。メンテナンスで繰り返し使える　　アクティブ　¥12,100

エアエレメント
ノーマルエアクリーナーの補修用。純正品番 17210-K97-J00と
17210-K97-T00に適合する　　　　キタコ　¥2,200

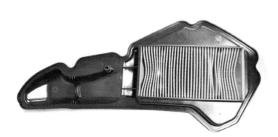
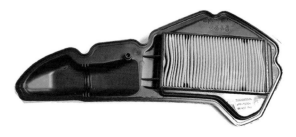

エアーエレメント［ノーマルタイプ］
汚れた場合の交換に使いたいノーマルタイプのリーズナブルなエア
フィルター。エレメントの色はロットにより異なる　KN企画　¥847

タイホンダ純正エアフィルター
エアフィルターは汚れた場合交換となる。こちらはタイホンダの純
正品なので安心して装着できる　　KN企画　¥1,595

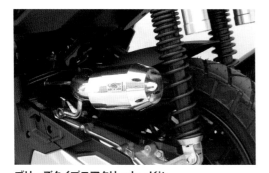

ブリーズタイプエアクリーナーKit
低価格で手軽にパワーフィルター化できるキット。ボディはプラスチック製で色は銀、黒、赤、青がある　ウイルズウィン　¥11,000

サイレンサー型エアクリーナーKit ジェットタイプ
テーパーした吸入口を持つステンレスボディのエアクリーナー。還元パイプに対応している　ウイルズウィン　¥20,900

サイレンサー型エアクリーナーKit ポッパータイプ
カスタムスタイルを演出する個性的なエアクリーナー。吸入量調整機構付きでセッティングも容易　ウイルズウィン　¥20,900

キャリパータイプエアクリーナーKit
ステンレスボディにインナーカールエンドを採用した上品なエアクリーナー。取り付けも簡単　ウイルズウィン　¥15,400

サイレンサー型エアクリーナーKit ユーロタイプ
絞られた黒いエンドがスポーティなエアクリーナー。ステンレスボディとカーボンボディがある　ウイルズウィン　¥26,400/28,600

サイレンサー型エアクリーナーKit スポーツタイプ
マフラーのサイレンサーを彷彿とさせるデザインのエアクリーナー。吸入量調整機能搭載　ウイルズウィン　¥20,900

サイレンサー型エアクリーナーKit バズーカータイプ
ストレート形状の大口径吸入口が特徴のエアクリーナーキット。ローダウン車両にも対応する　ウイルズウィン　¥20,900

ハイパーバルブ
クランクケース内に発生する圧力抵抗を減らしパワーロスを無くす、ローコストながら効果的なアイテム　ウイルズウィン　¥4,400

ブリーザーキャッチタンクバズーカータイプ

オイルレベルゲージと交換して取り付けるキャッチタンク。ミニサイレンサー風デザインが魅力的　　　　ウイルズウィン　¥10,450

ブリーザーキャッチタンクポッパータイプ

クランクケース内の圧力を外に逃がし、若干ではあるが吹け上がりやレスポンスが向上する　　　　ウイルズウィン　¥10,450

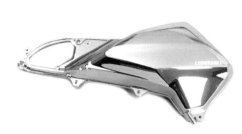

エアクリーナーカバー（メッキ）

ノーマルのデザインそのままメッキ仕上げとすることで、抜群のマッチングながら高級感を付け加えられるエアクリーナーカバー。純正を交換するだけなので取り付けも容易。ネジは純正品を使用する　　　　エンデュランス　¥6,600

オイルレベルゲージ ブラック ver

アルミ合金を素材から削り出した後にアルマイト処理。2ピース構造で、アルマイトは2色を組み合わせている。色のバリエーションはブルー、レッド、ゴールド、シルバー。Oリングが付属する　　　　エンデュランス　¥3,850

ストレーナーキャップ

エンジンのドレスアップに最適なアルミ削り出しキャップ。ストレーナーキャップ部の他、タペットキャップ部やドレンキャップ部にも使用できる。Oリング付属、1個売り。色はレッド、ブラック、ゴールドの3色　　　　キタコ　¥2,750

マグネット付きドレンボルト

エンジンオイル内に混じった鉄粉を吸着する強力マグネット付きのアルミ製ドレンボルト。4色あり　　スペシャルパーツ武川　¥2,178

アルミドレンボルト

軽量高強度なアルミ合金で作られたドレンボルト。先端にマグネットを配しオイル内のスラッジを集塵する　　キタコ　¥1,320

Drive
駆動系

スクーターの走行性能や乗り味を決定づける駆動系。好みやカスタムに合わせて選んでいこう。

KOSO
パワーアップ
キット

駆動系をバランス良くセットアップしてくれるプーリー、ドライブフェイス、センタースプリング、ウエイトローラー、クラッチスプリング等のセット
KN企画　¥9,790

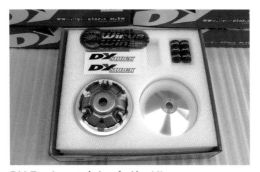

DY Racing ハイパープーリー Kit

広い範囲で効果を発揮する、プーリー、ランププレート、ドライブフェイス、ウエイトローラーのセット　　ウイルズウィン　¥7,700

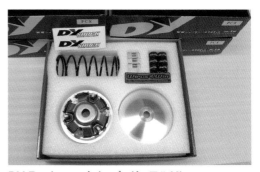

DY Racing ハイパープーリーフルKit

駆動系における加速性能、最高速達成速度の向上に効果の高いパーツをすべてセットしたキット　　ウイルズウィン　¥9,900

KOSO SPORT 強化クラッチ

ADV150専用設計により最適化された強化クラッチ。スタートダッシュに貢献する食い付きの良いクラッチシューを持ちつつ、重量をノーマルより重くすることでトルクアップを実現。クラッチスプリングも強化品を使う
KN企画　¥9,900

KOSO クラッチアウター

ADV150専用に設計され慣性力を落とさずレスポンスをアップ。同社製クラッチと同時装着を推奨　KN企画　¥7,590

NCY 軽量ファイナルギアキット

2次減速比が変更できる軽量なファイナルギアのキット。ギア比は6タイプあるので、好みに合わせて選べる　KN企画　¥5,995

タイホンダ純正ドライブプーリー

丈夫とはいえ消耗品の1つであるドライブプーリー。その補修時に使いたいタイホンダ純正品　KN企画　¥3,960

タイホンダ純正ドライブフェイス

補修用として使いたい、タイホンダ純正部品のドライブフェイス。当然品質は折り紙付き　KN企画　¥1,963

ウエイトローラー

駆動系セッティングの必須アイテム。6個セットで重量は10g、9.5g、8.5gの3タイプ　スペシャルパーツ武川　¥2,860

スーパーローラー SET

6.0gから21.0gまで17種類の重量が揃うウエイトローラー。セッティングや補修に。6個セット　キタコ　¥1,980

DR.PULLEY 異型ウエイトローラー

直線部を持った独自形状で独特な変速特性が得られる。重量は11.0～23.0gまで0.5g単位でラインナップする。1セット6個入り　KN企画　¥2,189

KOSO ウエイトローラー

街乗りからレースまで幅広く使えるKOSO製のウエイトローラー。6個1セットで重量は8.0～15.0gまでを1g単位で設定している　KN企画　¥1,419

ウエイトローラー［20×15］

4.0gから25.0gまでと豊富なラインナップを持ちながらリーズナブルなウエイトローラー。カスタムはもちろん補修用にも。6個入り　KN企画　¥1,100

ハイパーウエイトローラー Kit
絶妙な設定で高速性能をダウンすることなく低速を強化。社外マフラー用だがノーマルでも効果は見込める　ウイルズウィン　¥1,760

hi-POWER ウエイトローラー
駆動系のセッティングに使いたいウエイトローラー。重さは8～17g。6個入りで一部 3個入りあり　エンデュランス　¥1,045/1,980

クラッチセンタースプリング
ノーマルよりバネレートを上げることで減速後の再加速時、鋭い加速力が得られる　スペシャルパーツ武川　¥2,420

DY Racing センター スプリング
社外マフラー装着時に発生するトルク不足を解消する。ノーマルに比べバネレートを 15% アップしたセンタースプリング
ウイルズウィン　¥1,650

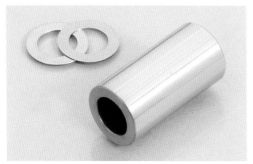

パワーアッププーリーボス
長さを変えることで最高速アップが狙えるプーリーボス。2枚付属するシムの位置でセッティングが可能　キタコ　¥2,200

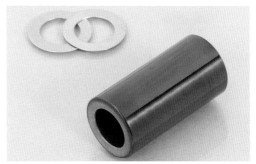

パワーアッププーリーボス DLC タイプ
最高速向上効果がある長さ48.2mm のプーリーボスに高強度・低摩耗性効果があるDLC加工を施したもの　キタコ　¥4,180

ハイパークラッチスプリング
クラッチがより高回転でつながるようになるため、回転の落ち込みが軽減されゼロ発進はもちろん、アクセルを閉じて開いた時の加速も向上　ウイルズウィン　¥990

スライダー
ランプブレートに取り付けるスライダーは消耗品の1つ。これは純正同様サイズなので補修品として使える。3個1セット
キタコ　¥660

ホンダ純正ベルト
走るほどに摩耗するドライブベルト。その補修に使うホンダ純正品。純正品番23100-K97-T01の品
KN企画　¥4,950

Other
その他

最後にこれまでの分類に当てはまらないアイテムを紹介。機能グッズも多いので要注目だ。

ヘルメット ホルダー

マスターシリンダーホルダーに共締めして取り付けるヘルメットホルダー。左右どちらのマスターホルダーにも取り付け可能
エンデュランス
¥3,080

ヘルメットホルダー
タンデムステップ部にボルトオンで装着可能な、日常の使い勝手を向上させるヘルメットロック。プレートはスチール製ブラック仕上げ。ロック用のキーが2つ付属する
キタコ ¥3,960

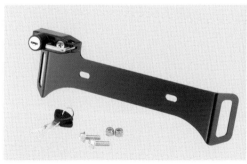 

ヘルメットロック
ライセンスプレート固定用ボルトを使用して取り付けるヘルメットロック。ツーリングネットやバンジーコード等が掛けられる荷掛けポイントも設けられている。スチール製ブラック仕上げ
キジマ ¥5,500

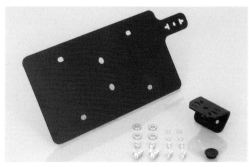 

ドライブレコーダーカメラステー リヤ用
市販のドライブレコーダーに対応した、ライセンスプレート装着タイプのカメラステー。プレートの向きを変えることで上下左右4つのポジションにカメラを設置できる。防振ラバー付属
キタコ ¥3,080

メットインマット

純正メットインスペースの底を広く覆う傷防止用のマット。ヘルメット収納スペース以外も覆うことで、車体側の傷も予防できる。取り付けも簡単でカラーはグレー

アルキャンハンズ　¥7,480

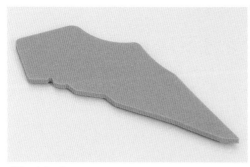

ポケットクッション

グローブボックスに入れた収納物を、走行中の衝撃から守るクッション。ポリエチレン製で厚みは5mmに設定。カラーは写真のレッドのほか、グローブボックスと同じブラックを設定する

キタコ　¥770

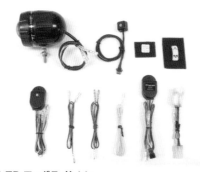

LED フォグライト kit

ノーマルヘッドライトの何倍もの明るさで路面を照らす増設LEDフォグライト。ディマーセンサーとエンジン回転センサー搭載で日中や夜間の停車中は20%の光量に減光、走行を開始すると100%の光量で点灯する

プロテック　¥23,100

スマートキーステッカー

スマートキーを手軽にドレスアップできるステッカー。デザインはヘアライン調（レッド、シルバー）、カーボン調（ブラック、ホワイト）、カモフラの3種5タイプがある

キタコ　¥330〜550

スマートキーケース

目立たないデザインのスマートキーに彩りと個性を与えてくれるキーケース。アルミ削り出しアルマイト仕上げで、色はレッド、シルバー、ガンメタリックの3種。重量はおよそ22g　　キタコ　¥5,280

Sスタンドスイッチキャンセラー

サイドスタンド使用時のエンジンストップ機能をキャンセルするハーネス。安全装置を解除するパーツなので使用時は扱いに充分注意すること　　キタコ　¥330

電源取出しハーネス

オプションの4Pカプラーからモバイル機器等用の電源を取り出せるハーネス。ボルトオン取り付けでアクセサリー電源(+)を取り出すことができる　　キタコ　¥1,100

USB電源

モバイル電源供給に最適なアイテム。バッテリーから電源を取るものでコード長は120cm、DC5Vを最大2,000mA出力できる　　キタコ　¥2,728

タンデムステップ

2トーンカラーで作られたBIKERS製タンデムステップ。11色設定で想像通りのスタイルにしやすい　　プロト　¥18,480

RCB モーターサイクルカバー Lサイズ

マレーシアのブランド、レーシングボーイのバイクカバー。ADV150対応のLサイズは縦2,100mm、横750mmサイズ　KN企画　¥5,940

SHOP LIST

アールズ・ギア	https://www.rsgear.co.jp/	0120-737-818	スペシャルパーツ武川	http://www.takegawa.co.jp/	0721-25-1357
旭精器製作所	https://www.af-asahi.co.jp/	03-3853-1211	ツアラテックジャパン	https://www.touratechjapan.com/	042-850-4790
アクティブ	http://www.acv.co.jp/	0561-72-7011	デイトナ	https://www.daytona.co.jp/	0120-60-4955
アルキャンハンズ	http://alcanhands.co.jp/	072-271-6821	ハリケーン	https://www.hurricane-web.jp	06-6781-8381
ウイルズウィン	https://wiruswin.com/	0120-819-182	プロテック	https://www.protec-products.co.jp/	044-870-5001
MDF	https://www.mdf-g.com	042-505-6771	プロト	https://www.plotonline.com/	0566-36-0456
エンデュランス	https://endurance-parts.com/	049-226-2900	マジカルレーシング	http://www.magicalracing.co.jp	072-977-2312
オーヴァー レーシングプロジェクツ	https://www.over.co.jp	059-379-0037	モリワキエンジニアリング	https://www.moriwaki.co.jp	059-370-0090
キジマ	http://www.tk-kijima.co.jp		ヤマモトレーシング	https://www.yamamoto-eng.co.jp	0595-24-5632
キタコ	https://www.kitaco.co.jp/	06-6783-5311	ヨシムラジャパン	https://www.yoshimura-jp.com/	
KN企画	https://www.kn926.net	078-224-5230	YSS JAPAN	https://www.win-pmc.com/yss/	0799-60-0080
コウワ	http://kouwaind.web.fc2.com/kood/	072-289-6405			

HONDA ADV150
CUSTOM & MAINTENANCE

ホンダ ADV150 カスタム&メンテナンス

2021年10月30日 発行

STAFF

PUBLISHER
高橋清子　Kiyoko Takahashi

EDITOR ／ WRITER
佐久間則夫　Norio Sakuma

DESIGNER
小島進也　Shinya Kojima

ADVERTISING STAFF
西下聡一郎　Soichiro Nishishita

PRINTING
中央精版印刷株式会社

PLANNING, EDITORIAL & PUBLISHING

(株)スタジオ タック クリエイティブ
〒151-0051 東京都渋谷区千駄ヶ谷3-23-10　若松ビル2F
STUDIO TAC CREATIVE CO., LTD.
2F, 3-23-10, SENDAGAYA SHIBUYA-KU, TOKYO 151-0051 JAPAN
[企画・編集・デザイン・広告進行]
Telephone 03-5474-6200　Facsimile 03-5474-6202
[販売・営業]
Telephone 03-5474-6213　Facsimile 03-5474-6202

URL https://www.studio-tac.jp
E-mail stc@fd5.so-net.ne.jp

警 告

■この本は、習熟者の知識や作業、技術をもとに、編集時に読者に役立つと判断した内容を記事として再構成し掲載しています。そのため、あらゆる人が作業を成功させることを保証するものではありません。よって、出版する当社、株式会社スタジオ タック クリエイティブ、および取材先各社では作業の結果や安全性を一切保証できません。また作業により、物的損害や傷害の可能性があります。その作業上において発生した物的損害や傷害について、当社では一切の責任を負いかねます。すべての作業におけるリスクは、作業を行なうご本人に負っていただくことになりますので、充分にご注意ください。

■使用する物に改変を加えたり、使用説明書等と異なる使い方をした場合には不具合が生じ、事故等の原因になることも考えられます。メーカーが推奨していない使用方法を行なった場合、保証やPL法の対象外になります。

■本書は、2021年9月10日までの情報で編集されています。そのため、本書で掲載している商品やサービスの名称、仕様、価格などは、製造メーカーや小売店などにより、予告無く変更される可能性がありますので、充分にご注意ください。

■写真や内容が一部実物と異なる場合があります。

STUDIO TAC CREATIVE
㈱スタジオ タック クリエイティブ

ISBN978-4-88393-897-1